당신을 위한
작은 베이커리

Collect 39

당신을 위한 작은 베이커리

1판 1쇄 발행 2025년 10월 28일
1판 2쇄 발행 2025년 11월 15일

지은이 박소은(소니)
발행인 김태웅
기획편집 김유진, 정보영
디자인 렐리시
마케팅 총괄 김철영
마케팅 서재욱, 오승수
온라인 마케팅 양희지
인터넷 관리 김상규
제작 현대순
총무 윤선미, 안서현, 문솜이
관리 김훈희, 이국희, 김승훈, 최국호

발행처 ㈜동양북스
등록 제2014-000055호
주소 서울시 마포구 동교로22길 14(04030)
구입 문의 전화 (02)337-1737 팩스 (02)334-6624
내용 문의 전화 (02)337-1734
　　　　　　 이메일 dymg98@naver.com

©2025, 박소은

ISBN 979-11-7210-139-8 13590

선물하기 좋은 소니의 홈베이킹
디저트 박스 레시피북

당신을 위한 작은 베이커리

박소은 지음

Collect 39

동양북스

Prologue

5년 전, 소소한 나만의 취미로 시작했던 홈베이킹.
처음에는 단순히 칭찬이 듣기 좋아 이어온 작은 즐거움이었습니다.

"와 정말 맛있다."
"디저트가 참 예쁘고 귀엽다."

그리고 언젠가부터 손수 만든 디저트를 가까운 사람들에게 선물하면서
나를 위한 것인 줄로만 알았던 시간이
곧 누군가를 위한 순간이 될 수 있고, 그 과정에서
오히려 내가 더 큰 행복을 느낄 수 있다는 사실을 알게 되었습니다.

그때부터는 단순히 먹으려고 만드는 것이 아니라
여기에 내 마음을 담아 전한다는 생각으로 더 정성을 기울였어요.

하나둘 쌓여간 베이킹 박스 사진들은 기록처럼 남았고
이를 종종 SNS에 올리면서 조금씩 같은 취미를 공유하는
많은 분께 다가갈 수 있었습니다.

그 마음이 닿았던 걸까요?
작년 봄, 가벼운 마음으로 촬영해 올린 오븐 스프링 영상이
생각보다 큰 관심을 받았습니다. 이를 통해 '내가 좋아하던 일이
누군가에게는 새로운 즐거움과 영감을 줄 수 있구나' 깨닫게 되었고,
지금 이 책을 낼 수 있게 된 소중한 기회도 가져다주었습니다.

이 책에는 제가 베이킹을 통해 경험한 설렘과 따뜻했던 순간을
함께 나누고자 하나하나 적어낸 레시피가 가득합니다.
바람이 있다면, 『당신을 위한 작은 베이커리』를 펼친 독자분께서
'누군가를 위한, 특별한 날의 선물'을 위해서도 좋지만
나 자신을 위해서도, 달콤한 일상의 한 조각 디저트처럼
이 책을 언제든지 편하게 꺼내볼 수 있었으면 합니다.

당신이 사랑하는 사람을 위해
그리고 지금 이 책을 읽는 당신을 위해

'당신을 위한 작은 베이커리'를 엽니다.

박소은(소니)

Contents

Prologue

Part 0

홈베이킹 기본 가이드

특별한 날을 위한 더 데이*THE DAY* 베이킹 박스

Part 1

일상 속 작은 즐거움,
홈베이킹
기본 가이드

- 이 책에서 사용한 기본 도구
- 이 책에서 사용한 기본 재료
- 이 책에 자주 등장하는 베이킹 용어

이 책에서 사용한
기본 도구

❶
핸드 믹서

홈베이킹에서 가장 자주 사용되는 전동 도구죠. 머랭이나 생크림 휘핑 등 거품을 올리거나 버터를 크림화할 때 주로 쓰고, 반죽용 훅을 끼워 소량의 빵 반죽을 할 때도 사용합니다. 이 책에서는 쿠키나 머핀 반죽을 할 때 주로 사용합니다.

❷
**푸드
프로세서**

믹서가 주로 칼날이 하단에 있어 액체와 고체를 함께 갈아 곱게 만드는 데 쓰인다면, 푸드 프로세서는 중앙에 있는 여러 개의 칼날로 재료를 잘게 썰거나 다지고 섞는 조리 도구입니다. 푸드 프로세서는 특히 버터가 들어가는 반죽 작업에서 손을 덜 쓰고 최대한 원하는 질감을 얻을 수 있다는 장점이 있어요. 예를 들어 스콘 반죽처럼 차가운 버터를 작은 알갱이로 쪼개어 밀가루와 빠르게 섞을 때 쓰이는데, 손으로 반죽할 때보다 버터가 녹지 않아 바삭하고 결이 살아 있는 식감을 만들 수 있습니다.
이 책 속에서 소개하는 스콘 레시피는 모두 푸드 프로세서*를 사용합니다.

❸
핸드 블렌더

재료를 직접 갈거나 섞을 수 있는 도구로, 긴 컵 모양의 용기에 꽂아 쓰며 작은 다지기 용기를 함께 제공하는 경우가 많아, 소량의 채소를 다지거나 견과류를 부수는 데도 활용할 수 있습니다. 또한 블렌딩 날을 사용하여 액체와 유지류를 고르게 섞어주는 데 효과적이라서, 베이킹에서는 주로 가나슈에 향이나 맛을 내는 가루류를 첨가하고 매끄럽게

유화할 때 자주 사용해요. 핸드 믹서가 반죽에 공기를
넣어주는 데 특화되었다면, 핸드 블렌더는 재료를 곱게 갈고
부드럽게 섞는 데 강점이 있습니다.

❹
각종 틀

머핀, 마들렌, 피낭시에, 까눌레 등 모양을 내야 하는
디저트를 구울 때 쓰입니다. 마들렌 배꼽이 잘 안 나와서
고민이라면 '깊은' 마들렌 틀을 사용해 보세요!
일반 마들렌 틀보다 1구가 더 깊어서 팬닝 양이 많으므로
배꼽이 빵빵하게 잘 올라온답니다. 특히 이 책 마들렌
레시피에서처럼 필링을 넣어야 하는 경우 크림을 더 많이
넣을 수 있어서 추천합니다.

실팝골드코팅 깊은 마들렌 틀/휘낭시에 틀(8구)
STR 소재로 높은 내구성과 특수 열처리 공법으로 코팅력이 뛰어나서
버터를 바르지 않고 구워도 잘 떨어지는 장점이 있다. 일반적인 12구
틀보다 작은 8구 사이즈로 미니 오븐에서도 사용이 가능하다. 또한,
마들렌이나 피낭시에를 굽고 나서 초콜릿 코팅 후, 냉동실에 넣어
굳히기 좋은 사이즈다.

Q **그럼, 푸드 프로세서가 없으면 스콘을 만들 수 없나요?**

A 아닙니다. 물론 푸드 프로세서가 없더라도 스콘을 만들 수 있어요. 푸드 프로세서는 버터가 녹지 않고 빠르게 잘게 쪼개질 수 있도록 도와주는 편리함이 있어 추천하며 ① 수동 야채 다지기 ② 스크래퍼를 이용해서 손으로 직접 다져 만들 수도 있습니다.

수동 야채 다지기

수동 야채 다지기의 장점은 가격이 저렴하고 온/오프라인(다이소 등)에서 쉽게 구할 수 있지만, 단점으로는 전기를 사용하는 기계가 아니라서 직접 손잡이를 잡아당겨서 칼날을 회전시켜야 하기 때문에 어깨와 팔에 힘이 많이 들어간다는 점, 그리고 보통 용량이 작아서(500ml~1L) 대용량의 반죽은 작업이 어렵다는 점이 있어요.

❋ 버터를 좀 더 작게 잘라서 준비하면 잡아당길 때 팔에 힘이 덜 들어가서 편해요!

스크래퍼(손 반죽)

스크래퍼는 가격이 저렴한 편인 데다, 도구 관리가 간편한 장점이 있습니다. 스크래퍼로 버터를 쪼개는 방법은 적은 양을 반죽할 때 활용하기 좋죠. 다만, 버터를 온전히 스크래퍼를 잡은 손목의 힘으로 쪼개야 하며 여름철에는 버터가 금방 녹기 때문에 작업을 빨리 해야 하므로 특히 여름에 사용하기에는 적절하지 않습니다.

❋ 플라스틱 스크래퍼보다는 스테인리스 재질의 스크래퍼를 사용하면 버터가 더 쉽게 쪼개져요!

❋ 여름에는 사용 직전까지 밀가루와 버터를 함께 냉장고에 보관하여 차갑게 준비하면 작업 중에 버터가 덜 녹아요!

오븐

가장 중요한 베이킹 도구죠. 게다가 오븐은 제품 종류에 따라 성능이 다르므로 가지고 있는 오븐을 많이 이해하고 자주 구워보며 감각을 익히는 게 정말 중요합니다. 그리고 베이킹에서 제일 중요한 예열은 20분 내외로 오븐 내부가 목표 온도에 도달할 때까지 충분히 해주세요! 냉장 휴지 시간이 없는 레시피라면 깜빡하지 않도록 반죽하기 전에 미리 해두는 것도 좋아요. 이 책 속 레시피의 온도와 시간은 가장 보편적인 오븐에 맞는 수치이므로 아래 내용을 참고하여 조절해 보세요.

※ 비교적 화력이 약한 미니 오븐이나 에어프라이어형 오븐 등 가정용 오븐을 사용하는 경우
▶ 예열 온도를 실제 레시피 온도보다 10도 정도 더 높여서 충분히 예열하고, 굽는 시간은 5분 내외로 늘려 구움색을 보며 완성 상태를 확인한다.

※ 우녹스 Unox**/지에라**Zucchelli Forni**/스메그**Smeg **등 업소용 대형 오븐을 사용하는 경우**
▶ 레시피와 동일한 예열 온도와 굽는 시간을 적용하되, 마찬가지로 제품별로 성능 차이가 있을 수 있으니 구움색을 보며 완성 상태를 확인한다.

실제로 저는 예를 들어 마들렌을 구울 경우, 창문형 에어프라이어 오븐을 사용할 때는 200도로 예열한 후 180도에서 15분간 굽고, 현재 자주 사용하는 오븐(우녹스 라인미크로 003, 우녹스 제품이지만 내부는 40L 이하의 소형 컨벡션 오븐으로 모터 대비 내부가 작아서 화력이 센 편)으로는 같은 틀과 반죽을 사용한다 하더라도 180도에서 12분간 더 짧게 구워요.

▶ 오븐 종류에 따라 설정한 온도와 실제 내부 온도가 다를 수 있어요. 레시피대로 구웠는데 덜 익은 것 같거나 반대로 구움색이 너무 진하게 나와서 타버렸던 경험이 있다면 더욱 추천합니다! 오븐의 실제 내부 온도를 알 수 있어서 내 오븐을 더 빠르고 정확하게 이해할 수 있어요. 예를 들어, 레시피에서 제시한 굽는 온도가 180도이고, 내 오븐을 180도로 설정했는데, 오븐용 온도계로 잰 실제 내부 온도가 170도인 경우는 190도로 올려서 내부 온도를 180도로 맞춰줍니다. 반대로, 실제 내부 온도가 180도보다 더 높게, 190도로 측정된다면, 오븐 설정을 170도로 낮춰서 내부 온도를 180도로 맞춰주세요. 그리고 이때 예열 온도는 결정된 굽는 온도보다 10도 높게 설정해 주세요!

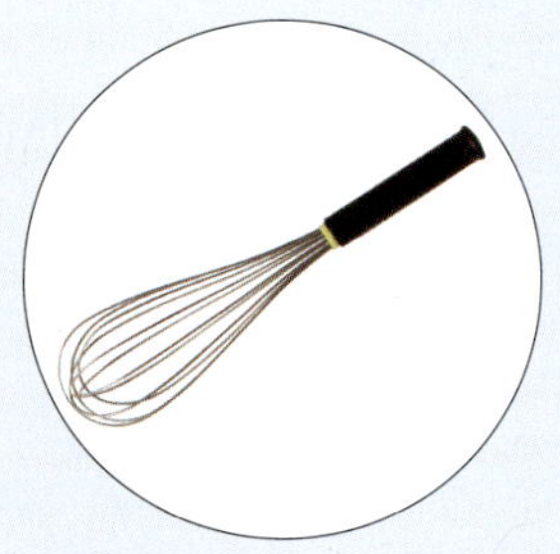

손 거품기(휘퍼)

손으로 재료를 섞고 거품을 내는 기본 도구입니다. 달걀을 풀거나 반죽을 섞을 때, 특히 반죽의 변화를 살피며 상태를 조절해야 할 때 사용해요.

실리콘 주걱

탄성이 좋은 실리콘으로 만들어져 믹싱볼의 둥근 옆면을 따라 다루기 쉬워 반죽을 섞거나 긁어낼 때 사용합니다. 특히 베이킹의 경우 볼에 묻은 반죽까지 남김없이 긁어 사용해야, 나중에 반죽이 모자라는 일을 막을 수 있어서 주로 실리콘 주걱을 많이 씁니다. 내열성도 좋아서 캐러멜을 만들거나 초콜릿 중탕 등 따뜻한 재료를 섞을 때도 안전하게 사용할 수 있어요.

타공 매트

표면에 작은 구멍이 촘촘히 뚫려 있는 실리콘 매트로, 버터쿠키나 쿠키슈를 구울 때 자주 사용해요. 특히 슈의 바닥면이 들뜨지 않고 평평하게 구워지도록 도와주며, 버터쿠키는 모양이 흐트러지지 않고 안정적으로 구워질 수 있게 해줍니다. 일반 종이포일, 유산지와 달리 사용하고 나서 세척 후 재활용할 수 있다는 장점도 있어요.

이 책에서 사용한
기본 재료

❶ 밀가루

제과 제빵의 기본이라고 할 수 있는 재료죠. 반죽에 탄성과 점성을 주는 밀가루 속 글루텐(단백질의 일종) 함량에 따라 디저트의 식감이 달라집니다. 글루텐이 많을수록 쫄깃하고 묵직한 식감을 내는데요. 강력분은 단백질이 11.5~13% 이상으로, 글루텐 함량이 높아 탄력 있고 쫄깃한 조직을 만드는 데 적합해서 주로 빵 반죽에 사용합니다. 중력분은 단백질이 8.5~10.5% 정도 들어 있어 글루텐 함량이 중간 정도이므로 쿠키, 머핀과 같은 제과뿐만 아니라 수제비 등 요리에도 두루 사용됩니다. 박력분은 단백질이 6.5~8.5%라서 글루텐 함량이 낮아 비스킷처럼 가볍고 바삭한 식감을 내는 제과에서 주로 사용합니다. 이런 성질을 조화롭게 활용하기 위해 이 책에서는 두 가지 종류의 밀가루를 섞어 쓰는 레시피도 찾아볼 수 있습니다.

❷ 아몬드가루

볶지 않은 아몬드를 곱게 갈아 만든 가루입니다. 마들렌이나 피낭시에 반죽에 넣으면 특유의 고소한 향과 식감을 더해줍니다. 이 책에서는 항상 100% 아몬드가루만 사용해요(웰넛 아몬드가루 100% 제품). 시중에서 판매하는 전분이나 밀가루가 섞인 95% 제품은 식감이 텁텁하고 풍미가 떨어질 수 있으니 꼭 포장지에서 성분표를 확인하고, 아몬드 100% 제품을 고르는 것이 중요합니다. 그런데, 이 책에 소개되진 않았지만, 마카롱을 만들 때는 일부러 95%를 쓰기도 한답니다. 전분이 아몬드가루의 유분기를 잡아줘서 성공 확률이 올라가고 꼬끄 맛도 덜 달거든요.

❸ 설탕

이 책에서는 대부분 백설탕을 사용합니다. 설탕은 단맛을
더하는 것뿐 아니라, 반죽의 색과 질감을 결정하고,
굽는 과정에서 캐러멜화와 마이야르 반응을 통해 색과
풍미를 깊게 만들죠. 또 수분을 잡아주어 제품의 촉촉함과
보존성에도 영향을 줍니다. 간혹 단맛을 줄이기 위해 설탕을
줄여도 되는지 문의하시는데요. 되도록 레시피에 기재된
분량을 따르는 것을 추천합니다(10% 이내로는 조절 가능).
실제로 임의로 10% 이상 설탕의 양을 줄이면 단맛만
조절되는 것이 아니라 구움색이나 식감 등 맛이 많이 달라져
완전히 다른 결과물이 나올 수 있어요.

❹

머스코바도
Muscovado
비정제 설탕

사탕수수를 정제하지 않은 비정제 설탕으로 갈색을 띠며, 당밀이 남아 있어 색이 짙고 촉촉합니다. 캐러멜과 비슷한 깊은 풍미를 주며, 쿠키나 머핀에 넣으면 특유의 진한 맛과 색을 내줘요. 구하기 어렵다면 일반 흑설탕이나 갈색 설탕으로 대체해도 비슷한 느낌을 낼 수 있습니다. 저는 보통 팜플러스 유기농 머스코바도를 사용합니다.

❺

슈가파우더

설탕을 곱게 갈아 전분을 섞어 만든, 말 그대로 설탕가루입니다. 전분이 소량(보통 3~5%) 들어 있어 오래 보관해도 쉽게 덩어리지지 않는다는 장점이 있습니다. 보통 슈가 아이싱이나 쿠키 반죽 등에 사용되죠. 저는 설탕 95%에 옥수수 전분이 5%가 섞인 꼬미다 제품을 사용합니다. 이와 비슷한 재료인 '분당'은 100% 설탕만 곱게 간 것으로, 전분이 없어 쉽게 뭉치고 굳어서 사용이 불편하다는 단점이 있어요.

❻

베이킹파우더

화학 팽창제로, 수분과 열을 만나 이산화탄소를 내어 반죽을 부풀게 합니다. 스콘처럼 비교적 많은 양의 베이킹파우더가 들어가는 레시피에는 알루미늄 프리 제품을 쓰는 것이 좋아요. 알루미늄이 들어간 제품은 쓴맛이나 떫은맛이 느껴질 수 있거든요. 선인 SIB 베이킹파우더가 가장 많이 사용되지만, 저는 조금 더 쓰기 편리한 밥스레드밀 베이킹파우더 제품만 사용해요. 두 제품 모두 알루미늄 프리 제품이고요.

❼

베이킹소다

베이킹파우더와 마찬가지로 화학 팽창제지만 탄산수소나트륨 단일 성분만 들어 있고, 산성 재료와 만나야 기포가 발생합니다. 그래서 레몬즙이나 코코아파우더와 같은 산성 재료가 들어간 반죽에 쓰이며 반죽이 위로 부풀어

오르게 하는 효과가 크다고 해요. 하지만 너무 많이 넣으면
마치 비누 같은 맛이 날 수 있어 레시피대로 소량만, 정량을
사용하는 것이 중요합니다. 저는 베이킹파우더와 함께
밥스레드밀 제품을 사용해요!

❽ 바닐라 익스트랙

바닐라빈을 럼이나 보드카에 담가 특유의 향이 배어나도록
만든 일종의 액상 향료입니다. 합성 바닐라향(파우더)과
달리 자연스럽고 깊은 풍미를 더해준답니다. 제과에서는
특히 달걀의 비린내를 잡아주기 때문에 거의 필수적으로
사용하죠. 시판 제품을 쓸 수도 있지만, 집에서 직접
만들어서 1년 이상 숙성 후 사용할 수도 있는데요.
당연하게도 직접 만든 익스트랙이 풍미가 더 좋습니다.

❾ 버터

버터는 단순히 풍미를 더하는 것뿐 아니라 반죽에 수분과
지방을 공급해 조직과 식감을 결정짓는 중요한 역할을
합니다. 제과에서는 대부분 무염버터를 사용하는데요.
소금의 양을 레시피에 맞게 조절할 수 있고, 같은 이유로
가염버터는 제품마다 염도가 달라 레시피대로 따라 해도
맛에 차이가 생길 수 있기 때문입니다. 특히 버터의 풍미가
중요한 피낭시에 같은 구움과자에는 발효버터(고메버터)인
이즈니Isigny, 엘르앤비르Elle & Vire 제품을 사용하는 것을
추천합니다.

❿ 생크림

우유에서 분리한 유지방이 35% 이상 들어 있는
유제품입니다. 유지방 함량이 높을수록 맛과 풍미가 한층
진하지만, 지나치게 휘핑하면 지방과 수분이 분리될 수 있기
때문에 오버 휘핑에 주의해야 합니다. 크림류를 만들 때는
꼭 동물성 생크림(예: 서울우유 생크림)을 쓰시길 추천합니다.

그래야 크림이 느끼하지 않아요! 동물성 생크림은 원유에서
유지방만 분리해 만든 100% 유크림으로 지방 함량이
보통 35% 전후(서울우유 생크림 38%)이며 우유 본연의
맛이 강하고 담백해요. 그래서 유통기한도 짧죠. 베이킹할
때 특징은 부드럽고 가볍게 휘핑되지만, 시간이 지나면
수분이 분리되거나 쉽게 꺼지는 편이에요. 반면 동물성
휘핑크림이라고 불리는 크림(예: 엘르앤비르, 페이장)은
원유를 가공한 크림으로, 안정제·유화제가 소량 들어가 있어
휘핑의 안정성이 높고 유통기한이 동물성 생크림에 비해
긴 편이에요. 지방 함량은 브랜드별로 차이가 있으나 보통
35~40%이고, 맛은 더 진하고 고소하며, 휘핑했을 때 조직이
치밀하고 오래 유지되지만, 동물성 생크림보다 무거운
식감에 자칫 느끼하다고 느낄 수 있어요.

**⓫ 커버춰
초콜릿**

카카오버터가 들어간 정통 초콜릿으로, 보통 카카오버터
함량이 약 30% 이상이어야 커버춰라고 부릅니다. 입안에서
부드럽게 녹는 식감으로 맛과 풍미가 뛰어납니다. 이
책에서는 주로 가나슈 레시피에서 사용했어요. 단, 몰드에
넣어 굳혀서 사용할 경우, 템퍼링* 과정이 필요하고, 가격이
비싼 편이에요. 저는 주로 깔리바우트Callebaut 커버춰 초콜릿
다크 54.5% / 화이트 28% 제품을 사용합니다.

⓬ 코팅 초콜릿
컴파운드 초콜릿

커버춰 초콜릿에 카카오버터가 들어가 있다면, 코팅
초콜릿에는 카카오버터 대신 팜유나 야자유 같은 식물성
유지가 들어가 있어요. 템퍼링 과정 없이 중탕으로 녹여도
쉽게 굳어 코팅 작업이 간편하므로 주로 초콜릿을 몰드에
넣어 굳히거나, 마들렌을 코팅하는 용도로 자주 쓰입니다.
가격도 저렴한 편이에요. 다만, 커버춰 초콜릿과 다르게

입안에서 매끄럽게 녹지 않고 맛이 단순해서 풍미가
떨어지는 단점이 있어요.

❸
코코아파우더

카카오빈에서 지방(코코아버터)을 제거하고 남은 고형분을
곱게 갈아 만든 가루예요. 제과에서는 특유의 쌉쌀하고 진한
맛으로 반죽에 초콜릿 풍미를 더하는 핵심 재료로 쓰입니다.
코코아파우더는 산성 재료로, 팽창을 위해 베이킹소다와
함께 쓰면 서로 반응해서 이산화탄소가 발생하고 반죽이 더
잘 부풀어 올라요. 이 책에서는 향과 맛이 깊고 풍미가 좋은
발로나 코코아파우더를 사용합니다.

템퍼링
231쪽
참고

템퍼링은 초콜릿 성분인 카카오버터를 안정된 결정 구조로 굳히기 위해 온도를 조절하는 과정을 말합니다. 이 과정을 거치면 초콜릿은 표면이 매끄럽고 윤기가 흐르며, 단단하게 굳어 코팅이나 몰드 작업이 깔끔하게 완성된답니다. 반대로 템퍼링을 하지 않으면 카카오버터가 불안정하게 굳어 표면에 하얀 막이 생기거나(팻 블룸), 쉽게 녹아내리고 몰드에서도 잘 떨어지지 않아요. 정확한 템퍼링 온도는 초콜릿의 종류(다크·밀크·화이트)와 브랜드, 제조사에 따라 달라질 수 있으므로, 반드시 제품 포장지에 표기된 권장 온도(Crystallization Curve)를 참고해 맞추도록 합니다. 방법으로는 대리석법, 접종법 등 여러 가지가 있는데요, 저는 따뜻한 물과 차가운 물을 번갈아 사용하며 초콜릿 온도를 조절해 템퍼링하는 수냉법을 사용합니다(가장 보편적). 사실 많은 분이 이 템퍼링 과정을 어려워하는 경우가 많은데요. 단계별 온도(브랜드별로 다름)를 제대로 맞추지 못하거나, 적은 양의 초콜릿을 수냉법으로 템퍼링하면 초콜릿이 금방 굳어버리기 때문이죠. 그런 분이라면 '워머'를 사용하는 것도 방법이에요!

TIP 1

초콜릿 워머

쉽게 설명하면 보통 템퍼링 **최종 온도가 31~32도**인데요. 그 온도보다 더 올라가면 안정화가 풀려서 템퍼링을 처음부터 다시 해야 하고, 최종 온도가 31~32도보다 더 떨어지면 그대로 굳어버려 못 쓰게 된답니다. 이럴 때 워머를 활용하면 편리해요. 초콜릿 아트 워머는 커버춰 초콜릿 템퍼링 후 뚜껑을 덮어 초콜릿이 굳지 않도록 액체 상태를 오랫동안 유지할 수 있게 해주는 제품입니다. 내부 바이메탈 온도 센서를 통해 전체적으로 균일한 온도를 유지하며 템퍼링한 커버춰 초콜릿뿐 아니라 코팅 초콜릿을 중탕으로 녹인 후에도 연속 작업 시 활용할 수 있습니다.

TIP 2

코팅 초콜릿과 커버춰 초콜릿을 1:1 비율로 섞어서 써보세요. 템퍼링 없이도 잘 굳고, 동시에 풍미도 커버춰 덕분에 한층 나아지죠. 한 마디로 맛과 편의성을 함께 잡을 수 있어서 각각의 단점을 보완할 수 있는 방법입니다.

Q 소니 베이킹 디저트의 포인트는 귀엽고 사랑스러운 데코와 포장법이라고 생각해요. 이런 아이디어는 주로 어디서 영감을 얻고, 또 사용하는 제품은 어디서 구할 수 있나요?

A 디저트 위에 올라가는 토핑은 주로 맛이랑 연관된 것을 올리려고 노력해요. 예를 들어 당근 마들렌 위에 당근 모양 초콜릿을 올리는 것처럼요. 한눈에 봤을 때 무슨 맛인지 바로 알 수 있고 비주얼적으로도 더 눈길을 끄니까요. 그리고 항상 '귀여운 게 최고다!'라는 말을 생각하면서 만드는 편입니다. 맛이랑 관련이 없는 토핑이라도 평범한 디저트에 귀여운 곰돌이 모양 시리얼 같은 걸 올리면 괜히 한번 더 보게 되고 기분이 좋아지지 않나요? 포장 용품도 마찬가지로 고민하고 검색해서 고르는 편이에요.

데코용 소품 구입처

곰돌이 모양 시리얼은 해외직구 제품이라 쿠팡 로켓 직구나 네이버 등 오픈 마켓에 검색해서 직접 구매해요. 제가 자주 사용하는 곰돌이 시리얼은 나비스코 테디 그레이엄 허니와 초코 쿠키 제품이에요. 이외에 모양 초콜릿(당근, 딸기, 꽃 등)은 국내 온라인 베이킹 쇼핑몰에서 그때그때 구매해요! 원하는 모양의 데코용 초콜릿이 없는 경우에는 식품용 실리콘 몰드를 구매해서 코팅 초콜릿을 원하는 색으로 조색하거나 간편하게 컬러 초코펜으로 만들어 사용하기도 합니다. 데코용 제품과 포장 제품에 관해 더 자세한 내용이 궁금한 분들은 아래 큐알 코드 링크를 참조해 주세요!

 소니 홈베이킹
토핑 제품 구경하기

 소니 홈베이킹
포장 용품 구경하기

이 책에 자주 등장하는 베이킹 용어

①
밀착랩핑

반죽이나 크림의 표면에 랩을 직접 닿게 씌우는 방법입니다. 주로 쿠키나 스콘 반죽을 냉장 숙성할 때 사용하며, 표면이 마르는 것을 막고 냉장고 냄새가 배는 것을 예방할 수 있어요. 보통 일회용 랩이나 지퍼백, 짤주머니에 담아 공기를 최대한 빼서 밀봉하는데요. 핵심은 반죽과 랩을 최대한 밀착시켜 공기와의 접촉을 차단하는 것으로, 이렇게 해야 표면에 불필요한 수분이 맺히는 것도 막을 수 있답니다.

---

②
냉장 휴지

반죽을 일정 시간 냉장고에서 숙성시키는 과정이에요. 반죽이 차갑게 식으면서 버터가 단단히 굳어 형태가 안정되고, 밀가루 속 전분이 수분을 흡수해 반죽 점도가 올라가죠. 특히 마들렌은 반죽이 차가울수록 오븐에서 배꼽이 잘 솟아 모양이 안정되며, 피낭시에는 반죽이 되직해져 팬닝이 한결 수월해집니다. 최소 1~2시간은 냉장 숙성해야 안정된 결과를 얻을 수 있고, 베이킹파우더의 활성 저하를 고려해 최대 24시간까지만 휴지하는 것을 권합니다.

---

③
초콜릿 중탕

초콜릿을 녹일 때 쓰는 방법이에요. 초콜릿은 직접 가열하면 쉽게 타거나 지방이 분리되기 때문에 50~60도 사이의 따뜻한 물로 열을 간접적으로 전달해 서서히 녹이죠. 이때 작은 물방울만 섞여도 초콜릿이 뭉치거나 분리될 수 있기 때문에 사용하는 주걱이나 거품기 등 도구도 반드시 마른 상태인지 확인하고, 초콜릿이 담긴 믹싱볼 안에 중탕물이나 수증기가 들어가지 않도록 주의해야 합니다.

HAPPY
LOVE
SWEETS
BUTTER

Part 1

당신을 위한
달콤×담백
베이킹 박스

HAPPY
LOVE
SWEETS
Treat yourself to this delightful dessert
Enjoy a happy time
옥수수 스콘 52P
레몬 스콘 34P
시나몬 스콘 30P
초코 스콘 48P
얼그레이 스콘 39P
플레인 버터 스콘 44P

Chapter 1

스콘 박스

Scone
Box

푸드 프로세서를 사용해서 간단하게 만드는 스콘 레시피입니다.
영국식 스콘보다 버터가 많이 들어가는 레시피로
고소한 풍미가 좋고 식감이 더 부드럽고 촉촉해요.
오후 3시의 티타임에 빠질 수 없는 스콘!
딸기잼이나 버터를 바르지 않고 그냥 먹어도 맛있어요. :)

시나몬 스콘

Cinnamon Scone

굽기 전 반죽 위에 시나몬 슈가를 솔솔 뿌려

계피 향과 재밌는 식감, 달콤한 맛을 살린 시나몬 스콘입니다.

일반 설탕이 아닌 머스코바도를 사용해서 풍미는 더 짙어졌어요.

시나몬롤 좋아하는 사람이라면 무조건 극호!

겉은 바삭하고 속은 촉촉해서 새로운 최애 디저트가 될 거예요.

Ingredients

- 박력분 295g
- 베이킹파우더 6g
- 시나몬가루 5g
- 머스코바도 60g
- 소금 2g

- 무염버터 120g

- 달걀 45g
- 우유 80g
- 바닐라 익스트랙 4g

달걀물

- 달걀 25g
- 우유 5g
- 바닐라 익스트랙 2g

시나몬 슈가

- 백설탕 50g
- 시나몬가루 4g

Prep

- 5~6cm 원형 커터를 사용합니다.

- 모든 재료는 차가운 상태로 준비합니다.

- 버터는 2cm 크기의 큐브 모양으로 썰어 최소 30분 이상 냉동 보관 후 사용합니다.

- 달걀, 우유, 바닐라 익스트랙은 함께 계량해서 미리 섞어둡니다(사용 전까지 냉장 보관).

- 손으로 반죽을 많이 치댈수록 손의 열로 인해 버터가 녹아서 굽고 난 후 떡진 식감이 날 수 있어요. 손 반죽은 최소로 하고 스크래퍼와 같은 도구를 이용합니다.

- 매운맛이 적은 커클랜드 시나몬파우더 사용했습니다. 매운맛이 강한 계피가루를 사용한다면, 전부 반 배합으로 넣으세요(반죽용 2.5g/시나몬슈가용 2g).

1

볼에 설탕, 시나몬가루를 넣고 잘
섞는다.

2

푸드 프로세서에 박력분, 베이킹파우더,
시나몬가루, 머스코바도, 소금을 넣고
순간 동작 기능을 사용해 한번 섞는다.

✽ 가루류를 따로 체에 치지 않아도 체 친 것과 같은
   효과를 얻을 수 있고, 뭉치지 않고 서로 고루 섞이게
   해줍니다.

3

큐브 모양으로 썬 버터를 넣어 버터가
팥알 크기가 될 때까지 순간 동작 기능을
사용해 다진다.

✽ 푸드 프로세서로 너무 많이 다지면 마찰열로 인해
   버터가 금방 녹고, 버터 알갱이가 너무 작아집니다.
   적당히 다진 후 큰 덩어리는 손으로 으깨주세요.

4

달걀, 우유, 바닐라 익스트랙을 넣고
가루가 뭉쳐질 때까지 순간 동작 기능을
사용해 반죽한다.

5

트레이 위에 랩을 씌운 후 반죽을
올린다.

6

한 덩어리로 뭉쳐서 밀착랩핑한 후
냉장실에 넣어 최소 1시간~최대 24시간
동안 휴지한다.

⊛ 결스콘으로 만들고 싶다면, 반으로 잘라 겹쳐서
  밀어펴는 과정을 2~3번 반복하세요.

7

원형 커터를 사용해 8등분한다.

8

윗면에만 달걀물을 바르고 시나몬
슈가를 뿌린다.

9

190도로 예열된 오븐에 넣어 180도에서
20~24분간 굽는다. 전체적으로
구움색이 나고, 옆면에도 색이 조금 나면
꺼낸다.

레몬 스콘

Lemon Scone

레몬제스트와 생레몬즙을 넣어서 상큼함이 두 배!
여름 디저트로 추천해요. 의외로 남녀노소 모두 좋아하는
스콘이라서 선물용 베이킹 박스 디저트로 딱이에요.
동결건조 레몬칩과 타임 허브를 올려 더 향긋하게 즐겨보세요.

Ingredients

- 백설탕 70g
- 레몬제스트 4g(레몬 1개 분량)

- 박력분 290g
- 베이킹파우더 6g
- 소금 2g

- 무염버터 118g

- 달걀 50g
- 우유 70g
- 바닐라 익스트랙 4g

달걀물
- 달걀 25g
- 우유 5g
- 바닐라 익스트랙 2g

레몬 글레이즈
- 슈가파우더 80g
- 생레몬즙 16~18g

⊛ 레몬제스트 만들고 남은 레몬을 사용하면 좋아요.

데코
- 동결건조 레몬칩 6개
- 타임 허브 약간

Prep

- 5~6cm 원형 커터를 사용합니다.

- 모든 재료는 차가운 상태로 준비합니다.

- 버터는 2cm 크기의 큐브 모양으로 썰어 최소 30분 이상 냉동 보관 후 사용합니다.

- 달걀, 우유, 바닐라 익스트랙은 함께 계량해서 미리 섞어둡니다(사용 전까지 냉장 보관).

- 손으로 반죽을 많이 치댈수록 손의 열로 인해 버터가 녹아서 굽고 난 후 떡진 식감이 날 수 있어요. 손 반죽은 최소로 하고 스크래퍼와 같은 도구를 이용합니다.

- 레몬 설탕은 미리 만들어둡니다.

- 레몬 글레이즈는 스콘 반죽 냉장 휴지하는 동안 만들면 좋아요!

1

반죽 재료의 레몬은 깨끗하게 씻은 후
그라인더로 겉에 노란 껍질만 긁어서
레몬제스트를 만든다.

✻ 흰색 속껍질은 쓴맛이 나요!

2

반죽 재료인 설탕과 레몬제스트를 함께
고루 섞어둔다.

✻ 설탕에 레몬 향이 배어 더 향긋해집니다.

1

볼에 슈가파우더, 레몬즙을 넣고 섞는다.

✻ 사용하는 슈가파우더의 전분 함량에 따라
글레이즈의 농도가 달라질 수 있어요. 살짝 되직한
질감이 되도록 레몬즙을 가감하며 조절하세요.

2

완성된 글레이즈를 짤주머니에 담는다.

✻ 그대로 공기 중에 방치하면 말라서 굳어버려요.

1

푸드 프로세서에 박력분, 베이킹파우더,
레몬 설탕, 소금을 넣고 순간 동작
기능을 사용해 한번 섞는다.

✽ 가루류를 따로 체에 치지 않아도 체 친 것과 같은
효과를 얻을 수 있고, 뭉치지 않고 서로 고루 섞이게
해줍니다.

2

큐브 모양으로 썬 버터를 넣어 버터가
팥알 크기가 될 때까지 순간 동작 기능을
사용해 다진다.

✽ 푸드 프로세서로 너무 많이 다지면 마찰열로 인해
버터가 금방 녹고, 버터 알갱이가 너무 작아집니다.
적당히 다진 후 큰 덩어리는 손으로 으깨주세요.

3

달걀, 우유, 바닐라 익스트랙을 넣고
가루가 뭉쳐질 때까지 순간 동작 기능을
사용해 반죽한다.

4

트레이 위에 랩을 씌운 후 반죽을
올린다.

5

한 덩어리로 뭉쳐서 밀착랩핑한 후
냉장실에 넣어 최소 1시간~최대 24시간
동안 휴지한다.

✽ 결스콘으로 만들고 싶다면, 반으로 잘라 겹쳐서
밀어펴는 과정을 2~3번 반복하세요.

6

원형 커터를 사용해 8등분한 후
윗면에만 달걀물을 바른다.

⊛ 달걀물을 바르면 더 먹음직스럽고 균일한 구움색을 낼
　수 있어요.

7

190도로 충분히 예열된 오븐에 넣어
180도에서 20~24분간 굽는다.
전체적으로 구움색이 나고, 옆면에도
색이 조금 나면 꺼낸다.

8

완전히 식은 스콘 위에 레몬 글레이즈를
올린다.

9

동결건조 레몬칩과 타임 허브를 올려서
데코한다.

얼그레이 스콘

Earl Grey Scone

얼그레이 찻잎을 우려내 반죽에도, 글레이즈에도 넣어 만든
얼그레이 스콘입니다. 반죽할 때부터 맛있는 향이 사방에 퍼져요.
오후 3시 티타임에 꼭 한번 곁들여보세요!

Ingredients

- 중력분 290g
- 베이킹파우더 6g
- 얼그레이 찻잎 2g
- 백설탕 70g
- 소금 2g

- 무염버터 110g

- 달걀 50g
- 바닐라 익스트랙 4g
- 얼그레이 밀크 100g
  (우유 100g+얼그레이 찻잎 4g)

달걀물
- 달걀 25g
- 우유 5g
- 바닐라 익스트랙 2g

얼그레이 글레이즈
- 우유 40g
- 얼그레이 찻잎 2g
- 슈가파우더 97g

데코
- 수레국화(또는 얼그레이 찻잎) 약간

Prep

- 5~6cm 원형 커터를 사용합니다.

- 모든 재료는 차가운 상태로 준비합니다.

- 버터는 2cm 크기의 큐브 모양으로 썰어 최소 30분 이상
  냉동 보관 후 사용합니다.

- 달걀, 바닐라 익스트랙은 함께 계량해서 미리
  섞어둡니다(사용 전까지 냉장 보관).

- 손으로 반죽을 많이 치댈수록 손의 열로 인해 버터가 녹아서
  굽고 난 후 떡진 식감이 날 수 있어요. 손 반죽은 최소로 하고
  스크래퍼와 같은 도구를 이용합니다.

- 얼그레이 밀크는 미리 만들어서 냉장 보관합니다.

- 반죽에 바로 넣는 얼그레이 찻잎(2g)은 곱게 갈아서
  준비합니다.
  ※ 찻잎 입자가 크면 식감이 좋지 않아요. 단, 입자가 작은 티백 제품은
  그대로 사용해도 됩니다.

- 얼그레이 글레이즈는 스콘 반죽 냉장 휴지하는 동안 만들면
  좋아요!

- 얼그레이 찻잎은 트와이닝Twinings 티백 제품을
  사용했습니다.

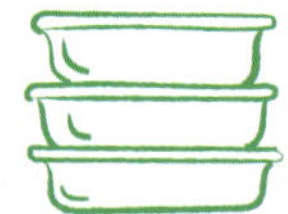

1

우유(100g)를 따뜻하게 데운 후
얼그레이 찻잎(4g)을 넣고 완전히 섞어
10분 동안 우린다.

2

찻잎을 체에 걸러 얼그레이 밀크를
완성한 후 냉장실에 넣어 반죽하기
전까지 차갑게 식힌다.

⊛ 100g이 필요하므로 찻잎을 꾹꾹 눌러가며 중량을
　맞춰요. 그래도 양이 부족하다면 우유를 넣어 중량을
　맞춰요.

1

우유(40g)를 따뜻하게 데운 후 얼그레이
찻잎(2g)을 넣고 완전히 섞어 10분 동안
우린다. 찻잎을 체에 거른다.

⊛ 24g이 필요하므로 찻잎을 꾹꾹 눌러가며 중량을
　맞춰요. 남는 얼그레이 밀크는 다음 과정에서
　사용하므로 버리지 마세요!

2

볼에 얼그레이 밀크(24g)와
슈가파우더를 넣고 손 거품기로 섞는다.

⊛ 사용하는 슈가파우더의 전분 함량에 따라
　글레이즈의 농도가 달라질 수 있으니 살짝 되직한
　질감이 되도록 남은 얼그레이 밀크를 가감하며
　조절하세요.

3

완성된 얼그레이 글레이즈를 짤주머니에
담는다.

⊛ 그대로 공기 중에 방치하면 말라서 굳어버려요.

1

푸드 프로세서에 중력분, 베이킹파우더,
얼그레이 찻잎(곱게 간 것 2g), 설탕,
소금을 넣고 순간 동작 기능을 사용해
한번 섞는다.

⊛ 가루류를 따로 체에 치지 않아도 체 친 것과 같은
　효과를 얻을 수 있고, 뭉치지 않고 서로 고루 섞이게
　해줍니다.

2

큐브 모양으로 썬 버터를 넣어 버터가
팥알 크기가 될 때까지 순간 동작 기능을
사용해 다진다.

⊛ 푸드 프로세서로 너무 많이 다지면 마찰열로 인해
　버터가 금방 녹고, 버터 알갱이가 너무 작아집니다.
　적당히 다진 후 큰 덩어리는 손으로 으깨주세요.

3

달걀, 바닐라 익스트랙, 얼그레이
밀크(100g)를 넣고 가루가 뭉쳐질
때까지 순간 동작 기능을 사용해
반죽한다.

4

트레이 위에 랩을 씌운 후 반죽을
올린다.

5

한 덩어리로 뭉쳐서 밀착랩핑한 후
냉장실에 넣어 최소 1시간~최대 24시간
동안 휴지한다.

⊛ 결스콘으로 만들고 싶다면, 반으로 잘라 겹쳐서
　밀어펴는 과정을 2~3번 반복하세요.

6

원형 커터를 사용해 8등분한 후
윗면에만 달걀물을 바른다.

✤ 달걀물을 바르면 더 먹음직스럽고 균일한 구움색을
   낼 수 있어요.

7

190도로 충분히 예열된 오븐에 넣어
180도에서 20~24분간 굽는다.
전체적으로 구움색이 나고, 옆면에도
색이 조금 나면 꺼낸다.

8

완전히 식은 스콘 위에 얼그레이
글레이즈를 올린다.

9

수레국화나 얼그레이 찻잎을 올려
데코한다.

플레인 버터 스콘

Plain Butter Scone

애프터눈 티Afternoon Tea 세트에 절대 빠질 수 없는 디저트죠.
다소 퍽퍽한 영국식이 아닌, 딸기잼 없이 그냥 먹어도 맛있는
버터 스콘 레시피입니다. 클로티드 크림Clotted Cream을
곁들이면 더 맛있어요!

Ingredients

- 박력분 300g
- 베이킹파우더 6g
- 백설탕 77g
- 소금 2g

- 무염버터 120g

- 달걀 50g
- 생크림 100g
- 바닐라 익스트랙 4g

달걀물
- 달걀 25g
- 우유 5g
- 바닐라 익스트랙 2g

Prep

- 5~6cm 원형 커터를 사용합니다.

- 모든 재료는 차가운 상태로 준비합니다.

- 버터는 2cm 크기의 큐브 모양으로 썰어 최소 30분 이상
  냉동 보관 후 사용합니다.

- 달걀, 생크림, 바닐라 익스트랙은 함께 계량해서 미리
  섞어둡니다(사용 전까지 냉장 보관).

- 손으로 반죽을 많이 치댈수록 손의 열로 인해 버터가 녹아서
  굽고 난 후 떡진 식감이 날 수 있어요. 손 반죽은 최소로 하고
  스크래퍼와 같은 도구를 이용합니다.

1

푸드 프로세서에 박력분, 베이킹파우더, 설탕, 소금을 넣고 순간 동작 기능을 사용해 한번 섞는다.

⊛ 가루류를 따로 체에 치지 않아도 체 친 것과 같은 효과를 얻을 수 있고, 뭉치지 않고 서로 고루 섞이게 해줍니다.

2

큐브 모양으로 썬 버터를 넣어 버터가 팥알 크기가 될 때까지 순간 동작 기능을 사용해 다진다.

⊛ 푸드 프로세서로 너무 많이 다지면 마찰열로 인해 버터가 금방 녹고, 버터 알갱이가 너무 작아집니다. 적당히 다진 후 큰 덩어리는 손으로 으깨주세요.

3

달걀, 생크림, 바닐라 익스트랙을 넣고 가루가 뭉쳐질 때까지 순간 동작 기능을 사용해 반죽한다.

4

트레이 위에 랩을 씌운 후 반죽을 올린다.

5

한 덩어리로 뭉쳐서 밀착랩핑한 후 냉장실에 넣어 최소 1시간~최대 24시간 동안 휴지한다.

⊛ 결스콘으로 만들고 싶다면, 반으로 잘라 겹쳐서 밀어펴는 과정을 2~3번 반복하세요.

6

원형 커터를 사용해 8등분한 후
윗면에만 달걀물을 바른다.

⊛ 달걀물을 바르면 더 먹음직스럽고 균일한 구움색을 낼
  수 있어요.

7

190도로 충분히 예열된 오븐에 넣어
180도에서 20~24분간 굽는다.
전체적으로 구움색이 나고, 옆면에도
색이 조금 나면 꺼낸다.

초코 스콘

Chocolate Scone

한 입만 먹어도 당 충전 완료!
초코칩을 아낌없이 넣고, 맛있기로 유명한 발로나 Valrhona 카카오파우더로
만들어 풍미가 진한 초코 스콘입니다. 아이들도 좋아하는
호불호 없는 스콘으로 선물용으로 추천해요.

Ingredients

- 박력분 280g
- 베이킹파우더 8g
- 카카오파우더 25g
- 백설탕 50g
- 소금 2g

- 무염버터 110g

- 달걀 50g
- 우유 80g
- 바닐라 익스트랙 4g

- 초코칩 90g

달걀물
- 달걀 25g
- 우유 5g
- 바닐라 익스트랙 2g

Prep

- 5~6cm 원형 커터를 사용합니다.

- 모든 재료는 차가운 상태로 준비합니다.

- 버터는 2cm 크기의 큐브 모양으로 썰어 최소 30분 이상 냉동 보관 후 사용합니다.

- 달걀, 우유, 바닐라 익스트랙은 함께 계량해서 미리 섞어둡니다(사용 전까지 냉장 보관).

- 손으로 반죽을 많이 치댈수록 손의 열로 인해 버터가 녹아서 굽고 난 후 떡진 식감이 날 수 있어요. 손 반죽은 최소로 하고 스크래퍼와 같은 도구를 이용합니다.

- 카카오 파우더는 발로나 제품을 사용했습니다.

1

푸드 프로세서에 박력분, 베이킹파우더, 카카오파우더, 설탕, 소금을 넣고 순간 동작 기능을 사용해 한번 섞는다.

❋ 가루류를 따로 체에 치지 않아도 체 친 것과 같은 효과를 얻을 수 있고, 뭉치지 않고 서로 고루 섞이게 해줍니다.

2

큐브 모양으로 썬 버터를 넣어 버터가 팥알 크기가 될 때까지 순간 동작 기능을 사용해 다진다.

❋ 푸드 프로세서로 너무 많이 다지면 마찰열로 인해 버터가 금방 녹고, 버터 알갱이가 너무 작아집니다. 적당히 다진 후 큰 덩어리는 손으로 으깨주세요.

3

달걀, 우유, 바닐라 익스트랙을 넣고 가루가 뭉쳐질 때까지 순간 동작 기능을 사용해 반죽한다.

4

트레이 위에 랩을 씌운 후 반죽을 올린다. 초코칩을 넣고 한 덩어리로 뭉친다.

5

밀착랩핑한 후 냉장실에 넣어 최소 1시간~최대 24시간 동안 휴지한다.

❋ 결스콘으로 만들고 싶다면, 반으로 잘라 겹쳐서 밀어펴는 과정을 2~3번 반복하세요.

6

원형 커터를 사용해 8등분한 후
윗면에만 달걀물을 바른다.

⊛ 달걀물을 바르면 더 먹음직스럽고 균일한 구움색을
　낼 수 있어요.

7

190도로 충분히 예열된 오븐에 넣어
180도에서 20~24분간 굽는다.
전체적으로 구움색이 나고, 옆면에도
색이 조금 나면 꺼낸다.

옥수수 스콘

Corn Scone

옥수수가루와 스위트콘을 잔뜩 넣고 만들어서
구수한 옥수수 맛이 퍼지는 스콘입니다. 추억의 콘브레드가 생각나는 맛!
옥수수 러버라면 무조건 좋아할 맛이에요.
옥수수 스콘은 특히 우유와 정말 잘 어울린답니다.
'선택이 아니라 필수!'라고 말하고 싶을 정도로요. 꼭 함께 즐겨보세요.

Ingredients

- 중력분 260g
- 베이킹파우더 7g
- 옥수수가루 40g
- 백설탕 70g
- 소금 2g

- 무염버터 113g

- 달걀 55g
- 생크림 75g
- 바닐라 익스트랙 4g

- 스위트콘(냉동 또는 통조림)
  90g

달걀물
- 달걀 25g
- 우유 5g
- 바닐라 익스트랙 2g

Prep

- 5~6cm 원형 커터를 사용합니다.

- 모든 재료는 차가운 상태로 준비합니다.

- 버터는 2cm 크기의 큐브 모양으로 썰어 최소 30분 이상
  냉동 보관 후 사용합니다.

- 달걀, 생크림, 바닐라 익스트랙은 함께 계량해서 미리
  섞어둡니다(사용 전까지 냉장 보관).

- 손으로 반죽을 많이 치댈수록 손의 열로 인해 버터가 녹아서
  굽고 난 후 떡진 식감이 날 수 있어요. 손 반죽은 최소로 하고
  스크래퍼와 같은 도구를 이용합니다.

- 노란 알파 옥수수가루(옥수수 100%)를 사용했어요.

- 스위트콘은 통조림이 아닌 냉동 스위트콘 제품을
  추천합니다.

※ 냉동 스위트콘을 사용하면, 전처리로 물기를 제거하지 않아도 되고
  해동하지 않고 그대로 사용하면 통조림 스위트콘보다 단단해서
  반죽하기 쉽습니다(통조림 스위트콘은 물러서 스콘 반죽에
  부적합). 또한, 통조림 스위트콘을 넣으면 수분이 많아서 굽고 난
  후에도 상온 보관 시 냉동 스위트콘에 비해 변질되기 쉬워요.

1

푸드 프로세서에 중력분, 베이킹파우더,
옥수수가루, 설탕, 소금을 넣고 순간
동작 기능을 사용해 한번 섞는다.

✽ 가루류를 따로 체에 치지 않아도 체 친 것과 같은
효과를 얻을 수 있고, 뭉치지 않고 서로 고루 섞이게
해줍니다.

2

큐브 모양으로 썬 버터를 넣어 버터가
팥알 크기가 될 때까지 순간 동작 기능을
사용해 다진다.

✽ 푸드 프로세서로 너무 많이 다지면 마찰열로 인해
버터가 금방 녹고, 버터 알갱이가 너무 작아집니다.
적당히 다진 후 큰 덩어리는 손으로 으깨주세요.

3

달걀, 생크림, 바닐라 익스트랙을 넣고
가루가 뭉쳐질 때까지 순간 동작 기능을
사용해 반죽한다.

4

트레이 위에 랩을 씌운 후 반죽을
올린다. 스위트콘을 넣고 한 덩어리로
뭉친다.

5

밀착랩핑한 후 냉장실에 넣어 최소
1시간~최대 24시간 동안 휴지한다.

✽ 결스콘으로 만들고 싶다면, 반으로 잘라 겹쳐서
밀어펴는 과정을 2~3번 반복하세요.

6

원형 커터를 사용해 8등분한 후
윗면에만 달걀물을 바른다.

⊛ 달걀물을 바르면 더 먹음직스럽고 균일한 구움색을
낼 수 있어요.

7

190도로 충분히 예열된 오븐에 넣어
180도에서 20~24분간 굽는다.
전체적으로 구움색이 나고, 옆면에도
색이 조금 나면 꺼낸다.

푸드 프로세서가 없어도
스콘을 만들 수 있어요!

- 다이소 야채 다지기 1L 제품을 사용했습니다.
- 44쪽 플레인 버터 스콘 레시피 반 배합 기준으로 촬영했습니다.

1 수동 야채 다지기에 박력분, 설탕, 소금, 베이킹파우더를 넣고 뚜껑을 덮어 손잡이를 잡아당겨서 골고루 섞는다.

2 큐브 모양으로 썬 버터를 넣어 팥알 크기가 될 때까지 잘게 다진다.

3 달걀, 생크림, 바닐라 익스트랙을 넣고 가루가 뭉쳐질 때까지 반죽한다. 이후 앞에 소개한 각 레시피의 '밀착랩핑' 과정부터 진행한다.

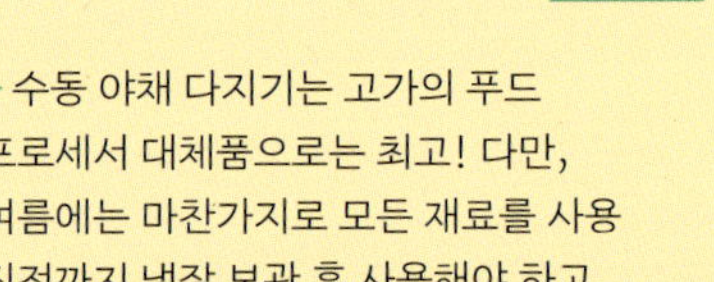

▶ 수동 야채 다지기는 고가의 푸드 프로세서 대체품으로는 최고! 다만, 여름에는 마찬가지로 모든 재료를 사용 직전까지 냉장 보관 후 사용해야 하고, 그럴 경우 손잡이를 잡아당길 때 팔이 너무 아프다는 단점이 있습니다.

▶ 스크래퍼로 하는 손 반죽은 특히 여름에는 절대 추천하지 않아요. 날씨가 더워서 작업 환경, 즉 실내 온도가 높으므로 버터가 빨리 녹기 때문에 반죽이 떡지기 쉽습니다. 반죽 전에 모든 재료를 냉장 보관하는 방법도 있지만 문제는, 단단한 버터가 스크래퍼와 손 힘으로는 잘 쪼개지지 않아 반죽하기가 힘듭니다.

○ 깨끗한 작업대와 스크래퍼 2개를 준비합니다.
○ 44쪽 플레인 버터 스콘 레시피의 반 배합 기준으로 촬영했습니다.

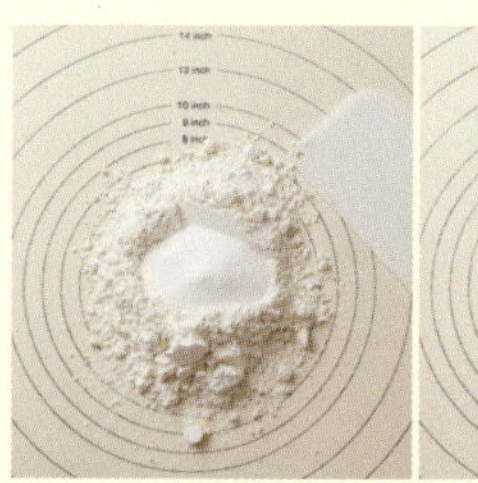   

1 작업대에 박력분을 올리고 가운데에 홈을 파서 그 안에 베이킹파우더, 소금, 설탕을 넣고 스크래퍼로 모든 가루를 골고루 섞는다.

2 큐브 모양으로 썬 버터를 올린 후 밀가루를 얇게 묻힌다.

※ 이 과정은 작업 중 스크래퍼에 버터를 덜 묻어나게 하기 위함이에요.

3 버터가 팥알 크기가 될 때까지 스크래퍼를 이용해 양손으로 잘게 다진다.

※ 버터 알갱이가 모두 일정한 크기가 될 때까지 다지는 게 포인트예요.

4 반죽을 한데 모은 후 스크래퍼로 가운데 홈을 충분히 깊게 파고, 달걀, 생크림, 바닐라 익스트랙을 홈에 넣는다.

※ 홈을 작게 파면 액체류를 넣었을 때 흘러넘치니 충분히 깊게 파세요.

5
반죽이 하나로 뭉쳐질 때까지 다지듯 반죽한 후 앞에 소개한 각 레시피의 '밀착랩핑' 과정부터 진행한다.

코코넛 머핀 72P
더블 황치즈 머핀 64P
베리베리 머핀
68P
레드벨벳
크림치즈 머핀
80P
유자 머핀 76P
초코 말차 마블 머핀 60P

Chapter 2

머핀 박스

Muffin Box

반죽을 따로 휴지하지 않아서 빠르게 만들기 좋은 머핀 레시피!
황치즈, 유자 머핀 등 받는 사람의 취향에 맞춰 골라 맛있게 구운 후
2구나 4구 상자에 넣어 선물하기도 좋아요.
호불호 없이 맛있는 레시피를 찾으신다면,
레드벨벳 크림치즈 머핀을 강력 추천합니다!

초코 말차 마블 머핀

Matcha and
Chocolate Muffin

말차와 초콜릿 조합으로 유명한 '초코나무숲 아이스크림'에서 따온
머핀 레시피입니다. 달콤 쌉싸름한 재료의 조합으로
두 가지 맛을 동시에 느낄 수 있어요.
누구나 좋아하는 초콜릿과 떫지 않은 말차가루를 넣어 만든
디저트라서 말차 입문자를 위한 베이킹으로 추천합니다.

Ingredients

- 달걀 140g
- 백설탕 130g
- 꿀 10g
- 바닐라 익스트랙 3g

- 무염버터 130g
- 우유 35g

- 박력분 140g
- 아몬드가루 40g
- 베이킹파우더 3g

- 말차가루 9g

- 카카오파우더 11g

토핑용
- 초코칩 30g

Prep

- 6구 머핀 틀을 사용합니다.
  전체 크기: 27×19×4.5cm
  1구 크기: 윗지름 7cm, 밑지름 6cm, 높이 4.5cm

- 버터와 우유를 제외한 모든 재료는 실온 상태로 준비합니다.

- 버터와 우유는 냄비에 넣어 약불로 혹은 전자레인지로 데워
  40~50도 전후의 온도로 준비합니다.

- 머핀 틀에 유산지 머핀 컵(55mm)을 미리 넣어서
  준비합니다.

- 말차가루는 일본 우지마차 파우더 제품을 사용했습니다.

Muffin Box

1

믹싱볼에 달걀, 설탕, 꿀, 바닐라
익스트랙을 넣고 손 거품기로 섞는다.

2

녹인 버터(약 40~50도)와 우유를 넣고
손 거품기로 완전히 섞는다.

3

박력분, 아몬드가루, 베이킹파우더를
체에 쳐서 넣는다.

4

가루가 보이지 않을 때까지 섞은 후
2개의 볼에 절반씩 나눠 담는다.

※ 이때 너무 과하게 섞지 않도록 주의하세요(글루텐
   과다)! 가루가 안보이면 바로 멈추기!

5

한쪽 볼에 말차가루를 체에 쳐서 넣고
손 거품기로 섞은 후 짤주머니에 담는다.

6

나머지 반죽에 카카오파우더를
체에 쳐서 넣고 손 거품기로 섞은 후
짤주머니에 담는다.

7

머핀 틀에 초코 반죽과 말차 반죽을
번갈아 가며 반반 담는다.

8

주걱으로 가볍게 윗면을 섞는다.

9

머핀 반죽 위에 초코칩을 올린다.

10

180도로 충분히 예열한 오븐에 넣어
170도에서 22~25분간 굽는다.

❋ 각자의 오븐 화력에 따라 온도와 시간을 조절하세요.

더블 황치즈 머핀

Double
Yellow Cheese Muffin

반죽에 치즈가루만 넣은 것이 아니라 콜비잭 치즈까지 넣은
더블 황치즈 머핀입니다. 파마산 치즈가루와 황치즈가루의 조합으로
단짠단짠은 기본! 중간중간 씹히는 콜비잭 치즈 덕분에
색다른 맛을 느낄 수 있을 거예요.

Ingredients

- 달걀 102g
- 백설탕 110g
- 꿀 9g
- 바닐라 익스트랙 3g

- 중력분 110g
- 황치즈가루 28g
- 파마산 치즈가루 12g
- 베이킹파우더 4g

- 무염버터 108g

- 콜비잭 치즈 60g

데코
- 치즈 모양 초콜릿

Prep

- 6구 머핀 틀을 사용합니다.
  전체 크기: 27×19×4.5cm
  1구 크기: 윗지름 7cm, 밑지름 6cm, 높이 4.5cm

- 버터를 제외한 모든 재료는 실온 상태로 준비합니다.

- 버터는 냄비에 넣어 약불로 혹은 전자레인지로 녹여
  40~50도 전후의 온도로 준비합니다.

- 콜비잭 치즈는 작은 큐브 모양(1cm 이하)으로 썰어
  준비합니다.

- 콜비잭 치즈는 체다치즈 블록으로 대체 가능합니다(일반
  슬라이스 체다치즈 X).

- 달걀, 바닐라 익스트랙은 함께 계량해서 손 거품기로
  풀어줍니다.

- 머핀 틀에 유산지 머핀 컵(55mm)을 미리 넣어서
  준비합니다.

1

믹싱볼에 달걀, 설탕, 꿀, 바닐라
익스트랙을 넣고 손 거품기로 섞는다.

2

중력분, 황치즈가루, 파마산 치즈가루,
베이킹파우더를 체에 쳐서 넣는다.

3

가루가 보이지 않을 때까지 손 거품기로
섞는다.

4

녹인 버터(약 40~50도)를 넣고 손
거품기로 완전히 섞는다.

5

머핀 틀에 반죽을 절반만 담은 후 콜비잭
치즈를 나눠 올린다.

6

남은 반죽으로 콜비잭 치즈를 덮는다.

7

180도로 충분히 예열한 오븐에 넣어
170도에서 22~25분간 굽는다. 완전히
식은 머핀 위에 치즈 모양 초콜릿을 올려
데코한다.

⊛ 각자의 오븐 화력에 따라 온도와 시간을 조절하세요!

베리베리 머핀

Mixed Berry Muffin

블루베리와 라즈베리, 두 종류의 냉동 과일과 무가당 요거트,
요거트파우더를 넣어 상큼하고 달달한 머핀입니다.
윗면에는 바삭하고 고소한 크럼블을 올렸어요.
계절에 상관없이 잘 어울리니, 언제 어디서든 맛있게 즐겨보세요.

Ingredients

- 달걀 88g
- 백설탕 105g
- 소금 1g
- 바닐라 익스트랙 3g

- 박력분 140g
- 요거트파우더 20g
- 베이킹파우더 3g

- 무염버터 80g

- 무가당 플레인 요거트 50g

- 냉동 블루베리 45g
- 냉동 라즈베리 45g

크럼블

- 무염버터 40g
- 백설탕 35g
- 박력분 30g
- 아몬드가루 20g

Prep

- 6구 머핀 틀을 사용합니다.
  전체 크기: 27×19×4.5cm
  1구 크기: 윗지름 7cm, 밑지름 6cm, 높이 4.5cm

- 모든 재료는 실온 상태로 준비합니다. 단, 머핀 반죽 재료의
  버터는 냄비에 넣어 약불로 녹이거나 전자레인지로 녹여
  40~50도 전후의 온도로 준비합니다.

- 크럼블은 미리 만들어둡니다(사용 직전까지 냉동 보관).

- 냉동 블리베리와 라즈베리는 해동하지 않고 그대로
  사용합니다.

- 냉동 블루베리나 냉동 라즈베리 대신 생과를 사용해도
  됩니다.

- 머핀 틀에 유산지 머핀 컵(55mm)을 미리 넣어서
  준비합니다.

- 요거트파우더는 이든 프리미엄 제품을 사용했어요.

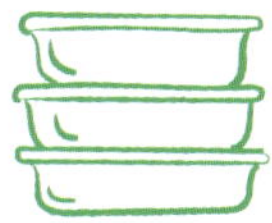

1

믹싱볼에 실온의 버터를 넣고 주걱으로
가볍게 푼 후 설탕을 넣고 섞는다.

⊛ 이때 너무 많이 섞어 설탕이 거의 다 녹으면 구울 때
크럼블이 많이 퍼집니다.

2

박력분, 아몬드가루를 넣고 가루가
고루 섞이고 덩어리지기 시작할 때까지
주걱으로 섞는다.

⊛ 사용 직전까지 냉동 보관합니다.

1

믹싱볼에 달걀, 설탕, 소금, 바닐라
익스트랙을 넣고 손 거품기로 섞는다.

2

박력분, 요거트 파우더, 베이킹파우더를
체에 쳐서 넣고 섞는다.

3

녹인 버터(약 40~50도)를 넣고 손
거품기로 완전히 섞는다.

4

실온 상태의 무가당 플레인 요거트를
넣고 손 거품기로 완전히 섞는다.

5

냉동 블루베리, 냉동 라즈베리를 넣고
주걱으로 가볍게 섞는다.

✵ 완벽하게 섞으려고 하지 마세요! 반죽이 식욕을
　감퇴시키는 보라색이 됩니다.

6

머핀 틀에 반죽을 담고 위에 만들어둔
크럼블을 올린다.

7

180도로 충분히 예열한 오븐에 넣어
170도에서 25~30분간 굽는다.

✵ 각자의 오븐 화력에 따라 온도와 시간을 조절하세요!

코코넛 머핀

Coconut Muffin

코코넛 특유의 풍미와 달콤함이 매력적인 머핀입니다.
코코넛롱을 올려 구웠더니 아삭하게 씹히는 식감이 좋아요!
집에 코코넛가루가 남아 있다면 꼭 한번 만들어보세요.
아마 코코넛 가루를 다시 사오게 될 거예요.

Ingredients

- 무염버터 95g

- 백설탕 95g
- 소금 1g

- 달걀 90g
- 바닐라 익스트랙 3g

- 박력분 90g
- 코코넛가루 50g
- 베이킹파우더 4g

- 코코넛밀크 80g

토핑용
- 코코넛롱 15g

Prep

- 6구 머핀 틀을 사용합니다.
  전체 크기: 27×19×4.5cm
  1구 크기: 윗지름 7cm, 밑지름 6cm, 높이 4.5cm

- 모든 재료는 실온 상태로 준비합니다.

- 달걀, 바닐라 익스트랙은 함께 계량해서 손 거품기로
  풀어줍니다.

- 코코넛밀크가 하얗게 굳어있다면 전자레인지로 약 20초간
  녹입니다.

- 머핀 틀에 유산지 머핀 컵(55mm)을 미리 넣어서
  준비합니다.

Muffin Box

1

믹싱볼에 실온 상태의 버터를 넣고
핸드 믹서로 가볍게 푼다.

2

설탕, 소금을 넣고 핸드 믹서로 완전히
섞는다.

3

달걀, 바닐라 익스트랙을 2~3번에
나누어 넣고 핸드 믹서로 섞는다.

4

박력분, 코코넛가루, 베이킹파우더를
체에 쳐서 넣고 주걱으로 섞는다.

5

코코넛밀크를 넣고 주걱으로 섞는다.

6

머핀 틀에 반죽을 담는다.

7

반죽 위에 코코넛롱을 올린다.

8

180도로 충분히 예열한 오븐에 넣어
170도에서 22~25분간 굽는다.

✴ 각자의 오븐 화력에 따라 온도와 시간을 조절해
　주세요!

유자 머핀

Yuzu Muffin

겨울철, 냉장고에 한 병쯤 꼭 있는 유자청으로 만든
상큼 달콤 유자 머핀입니다. 간단한데 맛있고,
토핑도 다른 재료 구할 필요 없이 유자청에 들어있는
유자필만으로 먹음직스럽게 데코했습니다.
유자청으로 살짝 부족한 상큼함은 레몬즙을 넣어 보완했어요.

Ingredients

- 무염버터 105g

- 설탕 80g
- 소금 1g

- 달걀 100g
- 바닐라 익스트랙 2g

- 박력분 120g
- 아몬드가루 20g
- 베이킹파우더 4g

- 유자청 77g
- 레몬즙 12g

데코
- 유자필 약간

Prep

- 6구 머핀 틀을 사용합니다.
  전체 크기: 27×19×4.5cm
  1구 크기: 윗지름 7cm, 밑지름 6cm, 높이 4.5cm

- 모든 재료는 실온 상태로 준비합니다.

- 달걀, 바닐라 익스트랙은 함께 계량해 손 거품기로
  풀어줍니다.

- 유자청과 레몬즙은 함께 계량해 미리 섞어둡니다.

- 데코용 유자필은 미리 건져내 준비합니다.

- 머핀 틀에 유산지 머핀 컵(55mm)을 미리 넣어서
  준비합니다.

1

믹싱볼에 실온 상태의 버터를 넣고
핸드 믹서로 가볍게 푼다.

2

설탕, 소금을 넣고 핸드 믹서로 완전히
섞는다.

3

달걀, 바닐라 익스트랙을 2~3번에
나누어 넣으며 핸드 믹서로 섞는다.

4

박력분, 아몬드가루, 베이킹파우더를
체에 쳐서 넣고 주걱으로 섞는다.

5

유자청, 레몬즙을 넣고 주걱으로 섞는다.

6

머핀 틀에 반죽을 담는다.

7

180도로 충분히 예열한 오븐에 넣어
170도에서 22~25분간 굽는다.

⊛ 각자의 오븐 화력에 따라 온도와 시간을 조절하세요!

8

머핀 위에 유자청에서 건져낸 유자필을
올려 마무리한다.

레드벨벳
크림치즈 머핀

Red Velvet Cream Cheese Muffin

오레오 쿠키 토핑과 크림치즈를 넣은 레드벨벳 머핀은
정말 맛이 없을 수 없는, 맛없엉 조합이죠! 크림치즈가
머핀 안에 들어있어서 보관이 용이하고 포장하기도 좋은,
선물용으로 딱 좋은 머핀입니다. 물론 맛도 더 꾸덕하고 촉촉달달해서
말 그대로 완벽한 머핀이에요.

Ingredients

- 따뜻한 우유 84g
- 레몬즙 8g

- 무염버터 60g
- 백설탕 92g
- 소금 1g

- 달걀 52g
- 바닐라 익스트랙 3g
- 식용 색소 빨간색 1~2g

- 박력분 150g
- 카카오파우더 10g
- 베이킹소다 2g
- 베이킹파우더 1g

- 오레오 쿠키 6개

크림치즈 반죽
- 크림치즈 120g
- 무염버터 30g
- 슈가파우더 20g

Prep

- 6구 머핀 틀을 사용합니다.
  전체 크기: 27×19×4.5cm
  1구 크기: 윗지름 7cm, 밑지름 6cm, 높이 4.5cm

- 우유를 제외한 모든 재료는 실온 상태로 준비합니다.

- 따뜻한 우유와 레몬즙은 미리 섞어 '버터밀크'를
  만들어둡니다.

- 달걀, 바닐라 익스트랙, 식용 색소는 함께 계량해
  손 거품기로 풀어줍니다.

- 크림치즈 반죽은 머핀 반죽 시작 전에 미리 만들어둡니다.

- 머핀 틀에 유산지 머핀 컵(55mm)을 미리 넣어서
  준비합니다.

- 식용 색소는 셰프마스터 슈퍼레드를 사용합니다.

1

믹싱볼에 크림치즈를 넣고 핸드 믹서로
가볍게 푼다.

2

버터를 넣고 핸드 믹서로 가볍게 섞는다.

3

슈가파우더를 넣고 핸드 믹서로 완전히
섞는다.

4

완성된 크림치즈 반죽은 짤주머니에
담는다.

⊛ 사용 직전까지 실온 보관합니다.

1

믹싱볼에 따뜻한 우유와 레몬즙을 넣어
섞은 후 사용하기 전까지 실온 보관한다.

1

믹싱볼에 실온 상태의 버터를 넣고 핸드 믹서로 가볍게 푼다.

2

설탕, 소금을 넣고 핸드 믹서로 완전히 섞는다.

3

달걀, 바닐라 익스트랙, 식용 색소를 2~3번에 나누어 넣으며 핸드 믹서로 섞는다.

4

가루류(박력분, 카카오파우더, 베이킹소다, 베이킹파우더) 1/2분량을 체에 쳐서 넣고 주걱으로 섞는다.

5

만들어둔 버터밀크 1/2분량을 넣고 주걱으로 섞는다.

6

나머지 가루류(박력분, 카카오파우더,
베이킹소다, 베이킹파우더)를 체에 쳐서
넣고 주걱으로 섞는다.

7

나머지 버터밀크를 넣고 주걱으로
섞는다.

8

머핀 틀에 반죽을 절반만 담는다.

9

반죽 가운데에 크림치즈 반죽을
1/6분량씩 나눠 올린다.

10

남은 머핀 반죽으로 크림치즈 윗면을
덮는다.

11

반죽 위에 오레오 쿠키를 부숴 올린다.

12

180도로 충분히 예열한 오븐에 넣어
170도에서 22~25분간 굽는다.

⊛ 각자의 오븐 화력에 따라 온도와 시간을 조절하세요!

딸기 마카다미아
스모어 쿠키
88P
복숭아 크림치즈 쿠키
111P
로투스
스모어 쿠키
102P
lotus
더블 말차
가나슈 쿠키
97P
초코 헤이즐넛
가나슈 쿠키
92P
얼그레이
레몬 커드 쿠키
106P

Chapter 3

쿠키 박스

Cookie Box

모두의 취향을 담은 쿠키 레시피입니다.
사랑스러운 디자인으로 눈으로 먼저 먹는 쿠키 박스!
달콤 바삭 쫀득함을 모두 담았어요.
누구에게나 선물하기 좋은 확신의 라인업으로 구성했답니다.
어떤 맛을 먹어도 인생 쿠키가 될 거예요. :)

딸기 마카다미아 스모어 쿠키

Strawberry Macadamia
S'mores Cookie

상큼한 딸기 쿠키 반죽에 고소한 마카다미아,
달콤쫀득 마시멜로우를 더해 완성한 쿠키입니다.
먹기 직전 전자레인지에 20초 정도 데우면
마시멜로우가 말랑하면서도 촉촉하게 녹아서
더 맛있게 먹을 수 있어요!

Ingredients

- 무염버터 100g

- 백설탕 100g
- 소금 1g

- 달걀 60g
- 바닐라 익스트랙 3g
- 딸기 레진 4g

- 중력분 200g
- 동결건조 딸기파우더 15g
- 베이킹파우더 3g

- 마카다미아 60g

- 마시멜로우 6개

데코
- 동결건조 딸기 3개

Prep

- 버터를 제외한 모든 재료는 실온 상태로 준비합니다.

- 버터는 냄비에 넣어 약불로 녹이거나 전자레인지로 녹여
  40~50도 전후의 온도로 준비합니다.

- 달걀, 바닐라 익스트랙, 딸기 레진은 함께 계량해
  손 거품기로 풀어줍니다.

- 마시멜로우는 사용 전까지 냉동 보관하세요. 쿠키 성형이
  쉬워집니다.

- 딸기 레진은 쓰리인원 네추럴 믹스 딸기 사용했습니다.

1

믹싱볼에 녹인 버터(약 40~50도)와
설탕, 소금을 넣고 손 거품기로 섞는다.

2

달걀, 바닐라 익스트랙, 딸기 레진을
넣고 손 거품기로 섞는다.

3

중력분, 동결건조 딸기파우더,
베이킹파우더를 체에 쳐서 넣는다.

4

주걱으로 가루가 거의 보이지 않을
때(80~90% 섞일 때)까지 11자를
그어가며 섞는다.

5

마카다미아를 넣고 가루가 보이지 않을
때까지 완전히 주걱으로 섞는다.

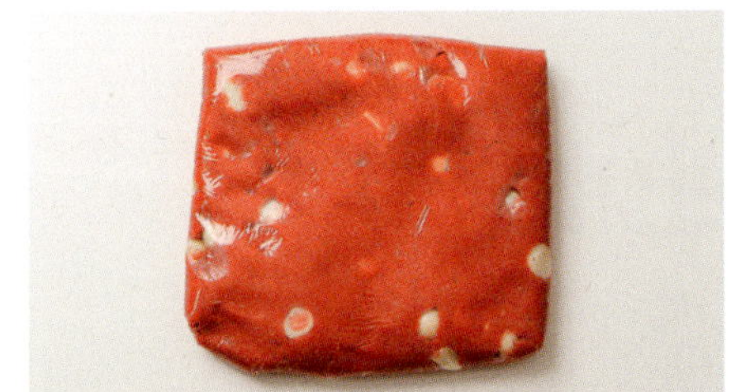

6

밀착랩핑해 최소 1시간~최대
24시간까지 냉장 휴지한다.

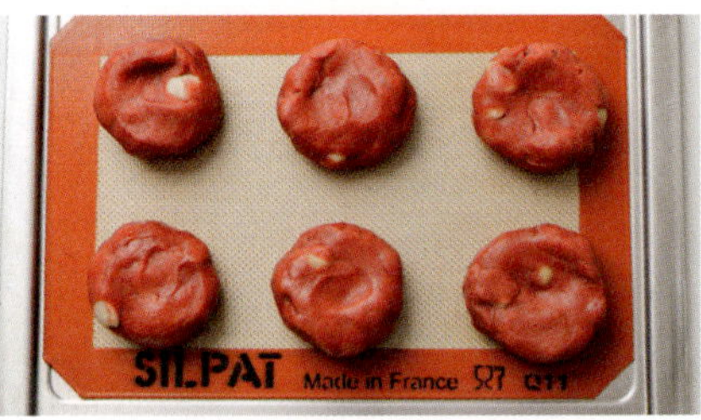

7

쿠키 반죽을 6개로 분할해 일정한
크기로 성형한다.

8

쿠키 반죽 위에 마시멜로우를 올리고
살짝 보이도록 감싼다.

9

180도로 충분히 예열한 오븐에 넣어
170도에서 12~15분간 굽는다.

⊛ 각자의 오븐 화력에 따라 온도와 시간을 조절하세요!

10

반으로 자른 동결건조 딸기를 올려서
데코한다.

초코 헤이즐넛
가나슈 쿠키

Chocolate Hazelnut Ganache Cookie

진한 초코 쿠키 반죽과 쫀득한 다크 초코 가나슈에
고소한 헤이즐넛을 더한 꾸덕 달달한 쿠키예요.
당이 뚝 떨어졌을 때 먹으면 바로 힘이 나는 맛이죠.
에너지가 필요할 때! 초코바 대신 초코 헤이즐넛 가나슈 쿠키 어때요?

Ingredients

- 무염버터 100g
- 백설탕 90g
- 소금 1g

- 달걀 56g
- 바닐라 익스트랙 3g

- 중력분 200g
- 카카오파우더 20g
- 베이킹소다 2g
- 베이킹파우더 1g

- 헤이즐넛 40g

초코 가나슈
- 동물성 생크림 40g
- 다크 커버춰 초콜릿 35g
- 화이트 커버춰 초콜릿 15g

데코
- 모양 초콜릿 6개

Prep

- 버터를 제외한 모든 재료는 실온 상태로 준비합니다.
- 버터는 냄비에 넣어 약불로 녹이거나 전자레인지로 녹여 40~50도 전후의 온도로 준비합니다.
- 달걀, 바닐라 익스트랙은 함께 계량해 손 거품기로 풀어줍니다.
- 초코 가나슈는 미리 만들어 사용하기 좋은 되직한 농도로 준비합니다.

1

생크림을 전자레인지로 따뜻하게 데운
후(60도 전후, 만졌을 때 살짝 뜨거운
정도의 온도) 다크 커버춰 초콜릿,
화이트 커버춰 초콜릿을 넣는다.

2

초콜릿이 완전히 녹을 때까지 섞은 후
짤주머니에 담는다.

✳ 사용 전까지 실온에 보관합니다. 사용하기 좋은
농도(꾸덕한 정도)가 될 때까지 시간이 걸리기
때문에 미리 만들어두는 것이 좋아요.

1

믹싱볼에 녹인 버터(약 40~50도),
설탕, 소금을 넣고 손 거품기로 섞는다.

2

달걀, 바닐라 익스트랙을 넣고
손 거품기로 섞는다.

3

중력분, 카카오파우더, 베이킹소다,
베이킹파우더를 체에 쳐서 넣고
주걱으로 가루가 거의 보이지 않을
때(80~90% 섞일 때)까지 11자를
그어가며 섞는다.

4

헤이즐넛을 넣고 가루가 보이지 않을
때까지 주걱으로 완전히 섞는다.

5

밀착랩핑한 후 최소 1시간~최대
24시간까지 냉장 휴지한다.

6

쿠키 반죽을 6개로 분할한 후 일정한
크기로 성형한다.

7

180도로 충분히 예열한 오븐에 넣어
170도에서 12~15분간 굽는다.

⊛ 각자의 오븐 화력에 따라 온도와 시간을 조절하세요!

8

쿠키가 식기 전에 타르트 탬퍼나
스푼으로 쿠키 가운데를 움푹하게
누른다.

9

완전히 식은 쿠키 가운데에 초코
가나슈를 넣는다.

❋ 이때 가나슈가 너무 묽으면 주르륵 흐르기 때문에 꼭
   꾸덕한 농도가 되었을 때 사용하세요!

10

모양 초콜릿을 올려 데코한다.

더블 말차 가나슈 쿠키

Double Matcha Ganache Cookie

말차 쿠키 반죽에 말차 가나슈를 얹어 더 진하고 맛있는 쿠키입니다.
말차 좋아하는 사람한테 선물하면 정말 좋아할 거예요!
말차에 익숙하지 않은 분들을 위해 연한 말차 맛 쿠키로
만들고 싶다면 가나슈에서 말차가루만 빼보세요.
녹차 한 모금 곁들이면 더 맛있답니다.

Ingredients

- 무염버터 90g

- 백설탕 60g
- 머스코바도 30g
- 소금 1g

- 달걀 56g
- 바닐라 익스트랙 3g

- 중력분 70g
- 박력분 110g
- 말차가루 10g
- 베이킹파우더 3g

말차 가나슈
- 동물성 생크림 40g
- 화이트 커버춰 초콜릿 50g
- 말차가루 3g

데코
- 화이트 커버춰 초콜릿 6개

Prep

- 모든 재료는 실온 상태로 준비합니다.

- 버터는 실온에 30분 이상 두어 23도 전후의 온도로
  준비합니다.

- 달걀, 바닐라 익스트랙은 함께 계량해 손 거품기로
  풀어줍니다.

- 말차 가나슈는 미리 만들어두고 사용 직전까지 되직한
  농도로 준비합니다.

- 데코용으로 사용한 화이트 커버춰 초콜릿은 발로나 이보아르
  제품 사용했습니다.

- 녹차가루가 아닌 떫은 맛이 없는 말차가루 사용해주세요.
  반죽용, 가나슈용 모두 일본 우지마차 파우더 제품을
  사용했습니다.

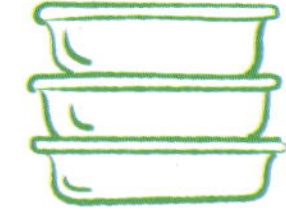

1

생크림을 전자레인지로 따뜻하게
데운 후(60도 전후, 만졌을 때 살짝
뜨거운 정도의 온도) 화이트 커버춰
초콜릿을 넣고 완전히 녹을 때까지
섞는다.

2

말차가루를 체에 쳐서 넣고 섞는다.

3

핸드 블랜더로 말차 가나슈를 완전히
유화시킨다.

4

완성된 말차 가나슈를 짤주머니에
담는다.

⊛ 사용 전까지 실온에 보관합니다. 사용하기 좋은
  농도(꾸덕한 정도)가 될 때까지 시간이 걸리기
  때문에 미리 만들어두는 것이 좋아요.

1

믹싱볼에 실온 버터를 넣고 핸드 믹서로
가볍게 푼다.

2

설탕, 머스코바도, 소금을 넣고
핸드 믹서로 섞는다.

3

달걀, 바닐라 익스트랙을 2~3번에
나누어 넣으며 핸드 믹서로 섞는다.

⊛ 달걀을 버터 믹스에 한 번에 넣으면 반죽이 분리되기
쉬워요!

4

중력분, 박력분, 말차가루,
베이킹파우더를 체에 쳐서 넣는다.

5

주걱으로 가루가 보이지 않을 때까지
11자를 그어가며 섞는다.

6

밀착랩핑한 후 최소 1시간~최대
24시간까지 냉장 휴지한다.

7

쿠키 반죽을 6개로 분할해 일정한
크기로 성형한다.

8

180도로 충분히 예열한 오븐에 넣어
170도에서 12~15분간 굽는다.

❋ 각자의 오븐 화력에 따라 온도와 시간을 조절하세요!

9

쿠키가 식기 전에 타르트 탬퍼나
스푼으로 쿠키 가운데를 움푹하게
누른다.

10

완전히 식은 쿠키 가운데에 말차
가나슈를 넣고 화이트 커버춰 초콜릿을
올려 데코한다.

❋ 이때 가나슈가 너무 묽으면 주르륵 흐르기 때문에 꼭
   꾸덕한 농도가 되었을 때 사용하세요!

로투스
스모어 쿠키

Lotus Biscoff
S'mores Cookie

로투스 스프레드와 로투스 과자를 통째로 넣어 만든
진한 맛의 로투스 스모어 쿠키입니다. 커피와 같이 먹으면
정말 맛있어요! 마시멜로우를 반죽으로 감싸지 않고 그대로 구워
더 쫀득하고 실패 확률도 적어요.

Ingredients

- 박력분 190g
- 베이킹파우더 2g
- 베이킹소다 1g
- 흑설탕 100g
- 소금 1g

- 무염버터 92g
- 로투스 과자 40g (약 6개)

- 달걀 80g
- 바닐라 익스트랙 3g
- 로투스 스프레드 45g

데코
- 마시멜로우 6개
- 로투스 과자 6개

Prep

- 모든 재료는 냉장 상태로 차갑게 준비합니다.

- 버터는 2~3cm 크기의 큐브 모양으로 썰어 최소 30분 이상
  냉동 보관 후 사용합니다.

- 달걀, 바닐라 익스트랙은 함께 계량해서 미리
  섞어둡니다(사용 전까지 냉장 보관).

- 손으로 반죽을 많이 치댈수록 손의 열로 인해 버터가 녹아서
  굽고 난 후 떡진 식감이 날 수 있어요. 손 반죽은 최소로 하고
  스크래퍼와 같은 도구를 이용합니다.

- 반죽용 로투스 과자는 미리 2~3번 조각내 작은 크기로
  준비합니다.

1

푸드 프로세서에 박력분, 베이킹파우더, 베이킹소다, 흑설탕, 소금을 넣고 순간 동작 기능을 사용해 한번 섞는다.

⊛ 가루류를 따로 체에 치지 않아도 체 친 것과 같은 효과를 얻을 수 있고, 뭉치지 않고 서로 고루 섞이게 해줍니다.

2

큐브 모양으로 썬 버터와 로투스 과자를 넣고 버터가 팥알 크기가 될 때까지 다진다.

⊛ 푸드 프로세서로 너무 많이 다지면 마찰열로 인해 버터가 금방 녹고, 버터 알갱이가 너무 작아집니다. 적당히 다진 후 큰 덩어리는 손으로 으깨주세요.

3

달걀, 바닐라 익스트랙, 로투스 스프레드를 넣고 가루가 뭉쳐질 때까지 순간 동작 기능을 사용해 반죽한다.

4

트레이 위에 랩을 씌운 후 반죽을 올린다.

5

가루가 보이지 않을 때까지 한 덩어리로 뭉쳐서 밀착랩핑한 후, 최소 1시간~최대 24시간까지 냉장 휴지한다.

6

쿠키 반죽을 6개로 분할한 후 일정한 모양으로 성형한다.

7

190도로 충분히 예열된 오븐에 넣어 180도에서 12~15분간 굽는다.

8

구워진 쿠키 위에 마시멜로우를 올린 후 다시 오븐에 넣어 150도에서 1~2분간 굽는다.

⊛ 열풍 조절이 안 되는 컨벡션 오븐은 전원 끈 오븐에 넣고 2~3분간 둡니다.

9

오븐에서 꺼낸 후 마시멜로우가 굳기 전에 바로 로투스 과자를 올린다.

얼그레이
레몬 커드 쿠키

Earl Grey Lemon
Curd Cookie

여름에 꼭 만들어 먹어야 하는 쿠키입니다!
새콤달콤한 레몬 커드와 향긋한 얼그레이 찻잎을 그대로 넣은 쿠키 반죽이
집 나간 입맛도 돌아오게 하거든요. 잔뜩 만들어 냉동실에 보관해두고
그대로 꺼내 자연 해동한 후 바로 먹어도 맛있어요. '얼먹' 추천!

Ingredients

- 무염버터 95g

- 백설탕 80g
- 머스코바도 20g
- 레몬제스트 3g
- 소금 1g

- 달걀 50g
- 바닐라 익스트랙 3g

- 박력분 140g
- 중력분 50g
- 베이킹파우더 3g
- 얼그레이 찻잎 2g

레몬 커드
- 달걀 100g
- 백설탕 90g
- 레몬즙 80g
- 소금 1g

- 무염버터 20g

데코
- 동결건조 레몬칩 6개
- 노무라 허브 약간

Prep

- 모든 재료는 실온 상태로 준비합니다.

- 버터는 실온에 30분 이상 두어 23도 전후의 온도로 준비합니다.

- 설탕, 머스코바도, 레몬제스트, 소금은 함께 계량해 손 거품기로 섞어둡니다.

- 달걀, 바닐라 익스트랙은 함께 계량해 손 거품기로 풀어줍니다.

- 레몬 커드는 미리 만들어두어 차갑게 식혀서 준비합니다.

- 얼그레이 찻잎 입자가 큰 경우, 곱게 갈아서 준비합니다.

1

냄비에 달걀을 넣어 푼 후, 설탕, 레몬즙,
소금을 넣고 손 거품기로 섞는다.

2

중약불에 올려 반죽이 걸쭉해질 때까지
손 거품기로 계속 젓는다. 이때,
계속 젓지 않으면 달걀이 부분적으로
익어버리니 주의한다.

3

레몬 커드가 걸쭉해지면 불을 끈다. 바로
버터를 넣고 버터가 완전히 녹을 때까지
손 거품기로 섞는다.

4

체에 한 번 거른다.

⊛ 깔끔한 식감을 위해 끓이면서 덩어리지는 부분이나
  제거하지 못한 알끈 등을 걸러주는 과정이에요!

5

밀착랩핑한 후 사용 전까지 냉장
보관한다.

Cookie Box

1

믹싱볼에 실온의 버터를 넣고
핸드 믹서로 가볍게 푼다.

2

설탕, 머스코바도, 레몬제스트, 소금을
넣고 핸드 믹서로 섞는다.

3

달걀, 바닐라 익스트랙을 2~3번에
나누어 넣으며 핸드 믹서로 섞는다.

⊛ 달걀을 한 번에 넣으면 반죽이 분리되기 쉬워요!

4

박력분, 중력분, 베이킹파우더,
얼그레이 찻잎을 체에 쳐서 넣는다.

5

주걱으로 가루가 보이지 않을 때까지
11자를 그어가며 섞는다.

밀착랩핑한 후 최소 1시간~최대
24시간까지 냉장 휴지한다.

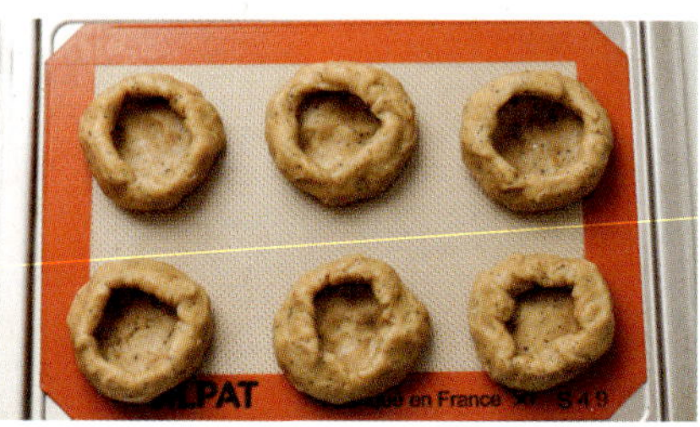

쿠키 반죽을 6개로 분할한 후 항아리
모양으로 약 3cm 높이가 되도록
성형한다.

반죽 안쪽에 레몬 커드를 1/6분량씩
나눠 넣는다. 180도로 충분히 예열한
오븐에 넣어 170도에서 12~15분간
굽는다.

❋ 각자의 오븐 화력에 따라 온도와 시간을 조절하세요!

동결건조 레몬칩과 노무라 허브를 올려
데코한다.

복숭아 크림치즈 쿠키

Peach Cream Cheese Cookie

아삭 쫀득한 식감의 복숭아 리플잼을 넣은 쿠키 반죽과
상큼 달달한 요거트 크림치즈를 담은 여름 맛 복숭아 쿠키입니다.
쿠키 위에 귀여운 복숭아 모양 젤리를 올리면
선물용으로도 인기 만점!

Ingredients

- 무염버터 90g

- 백설탕 60g
- 소금 1g

- 달걀 40g
- 바닐라 익스트랙 2g
- 식용 색소 1g 미만

- 복숭아 리플잼 60g

- 중력분 120g
- 박력분 100g
- 베이킹파우더 3g

요거트 크림치즈
- 크림치즈 240g
- 요거트파우더 22g
- 슈가파우더 8g

데코
- 복숭아 모양 젤리 6개
- 애플민트 약간

Prep

- 버터를 제외한 모든 재료는 실온 상태로 준비합니다.
- 버터는 냄비에 넣어 약불로 혹은 전자레인지로 녹여서
  40~50도 전후의 온도로 준비합니다.
- 달걀, 바닐라 익스트랙, 식용 색소는 함께 계량해
  손 거품기로 풀어줍니다.
- 요거트 크림치즈는 사용 전까지 냉동 보관하세요. 쿠키
  성형이 쉬워집니다.
- 식용 색소는 셰프마스터 조지아 피치를 사용합니다.
- 복숭아 리플잼은 앤드로스 제품을 사용합니다.
- 요거트파우더는 이든 프리미엄 제품을 사용했어요.

1
믹싱볼에 실온의 크림치즈를 넣고
핸드 믹서로 가볍게 푼다.

2
요거트파우더와 슈가파우더를 체에 쳐서
넣고 핸드 믹서로 섞는다.

3
아이스크림 스쿱으로 6등분해 트레이
위에 올린다.

4
랩핑해서 냉동 보관한다.

1
믹싱볼에 녹인 버터(약 40~50도),
설탕, 소금을 넣고 손 거품기로 섞는다.

2

달걀, 바닐라 익스트랙, 식용 색소를
넣고 손 거품기로 섞는다.

3

복숭아 리플잼을 넣고 주걱으로 섞는다.

4

중력분, 박력분, 베이킹파우더를 체에
쳐서 넣는다.

5

주걱으로 가루가 보이지 않을 때까지
11자를 그어가며 완전히 섞는다.

6

밀착랩핑한 후 최소 1시간~최대
24시간까지 냉장 휴지한다.

7

쿠키 반죽을 6개로 분할한 후 일정한
크기로 성형한다.

8

반죽 안쪽에 요거트 크림치즈를 올린 후
감싸 성형한다.

⊛ 복숭아 리플잼 과육이 뭉개지지 않도록 주의합니다.

9

180도로 충분히 예열한 오븐에 넣어
170도에서 12~15분간 굽는다.

⊛ 각자의 오븐 화력에 따라 온도와 시간을 조절하세요!

10

복숭아 모양 젤리와 애플민트 허브를
올려서 데코한다.

라즈베리 마들렌
124P
파인 코코 마들렌
134P
옥수수 크림치즈
마들렌
145P
피스타치오
초코 마들렌
118P
말차 딸기
가나슈 마들렌
129P
당근 크림치즈 마들렌
140P

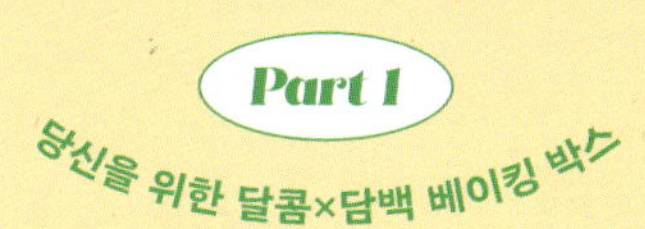

Chapter 4

마들렌 박스

Madeleine Box

다양한 맛과 귀여운 비주얼뿐만 아니라
냉장 보관 후 다음 날 먹어도 맛있어서
선물하기 정말 좋은 마들렌입니다.
촉촉한 크림이나 글레이즈를 더해 특별함을 추가했어요.
제 원 픽은 언제나 말차 딸기 가나슈 마들렌이에요. :)

피스타치오
초코 마들렌

Pistachio Chocolate Madeleine

두바이 초콜릿으로 인증된 피스타치오와 초콜릿 조합의 마들렌입니다.
화이트 초콜릿과 피스타치오 분태를 넣어
쫀득하고 오독오독 고소한 피스타치오 가나슈 크림이
초코 코팅을 입힌 마들렌 안에 들어있어요!

Ingredients

- 달걀 87g
- 백설탕 73g
- 꿀 11g
- 소금 1g
- 바닐라 익스트랙 2g

- 박력분 55g
- 아몬드가루 9g
- 카카오파우더 13g
- 베이킹파우더 4g

- 무염버터 79g
- 다크 커버춰 초콜릿(54.5%) 31g

다크 초콜릿 코팅
- 다크 코팅 초콜릿 55g
- 다크 커버춰 초콜릿 55g

피스타치오 가나슈
- 동물성 생크림 60g
- 화이트 커버춰 초콜릿 70g
- 무가당 피스타치오 스프레드 35g
- 피스타치오 분태 15g

데코
- 피스타치오 8개

Prep

- 우정 실팝골드 깊은 마들렌 틀을 사용합니다.
  전체 크기: 300×220mm, 1구 크기: 50×77×17mm

- 버터를 제외한 모든 재료는 실온 상태로 준비합니다.

- 달걀은 설탕을 넣기 전에 미리 손 거품기로 흰자와 노른자를 섞어서 준비합니다.

❋ 달걀과 설탕은 함께 계량하지 않습니다. 노른자와 설탕이 맞닿은 상태로 그대로 두면 노른자가 부분적으로 굳어버려요.

- 마들렌 반죽 재료의 버터와 다크 커버춰 초콜릿은 전자레인지로 30초~1분간 녹여서 반죽에 넣기 직전 45~55도 사이의 온도로 준비합니다.

1

믹싱볼에 달걀, 설탕, 꿀, 소금, 바닐라
익스트랙을 넣고 손 거품기로 섞는다.

2

박력분, 아몬드가루, 카카오파우더,
베이킹파우더를 체에 쳐서 넣고 가루가
보이지 않을 때까지 섞는다.

3

녹인 버터(약 45~55도)와 다크 커버춰
초콜릿을 반죽에 넣고 완전히 섞이도록
손 거품기로 섞는다.

4

반죽을 짤주머니로 옮겨서 최소
2시간~최대 24시간까지 냉장 휴지한다.

5

마들렌 틀에 소량의 녹인 버터나
철판이형제를 붓으로 바른다.

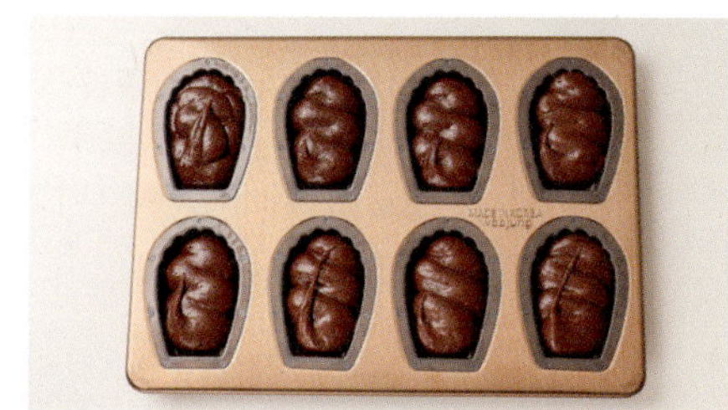

6

반죽을 100%까지 팬닝한다.

7

190도로 충분히 예열된 오븐에 넣어
180도에서 12~14분간 굽는다. 틀에
눌어붙지 않도록 마들렌을 옆으로 돌려
완전히 식힌다.

1

중탕으로 다크 코팅 초콜릿, 커버춰
초콜릿을 완전히 녹인 후 짤주머니에
넣고, 깨끗이 닦은 마들렌 틀에 개당 약
12~13g씩 팬닝한다.

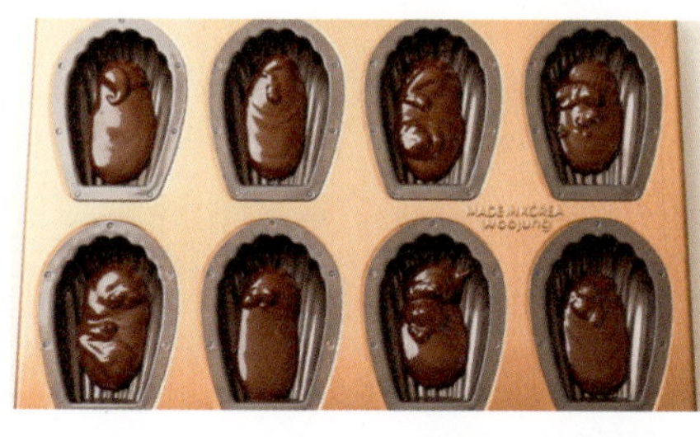

2

완전히 식은 마들렌을 올려 앞뒤로
움직이며 틀에 눌러준다.

3

냉동실에 넣고 약 20분간 초콜릿을
완전히 굳힌 후 바닥에 내리쳐서 틀에서
꺼낸다.

⊛ 초콜릿이 완전히 굳지 않으면 틀에서 깔끔하게
   떨어지지 않아요!

1

믹싱볼에 생크림과 화이트 커버춰
초콜릿을 넣고 중탕으로 녹인다.

✽ 이때 온도가 너무 높으면 초콜릿이 분리될 수 있으니
중탕물 온도는 80도가 넘지 않도록 주의하세요!

2

무가당 피스타치오 스프레드를 넣고
섞는다.

3

핸드 블렌더로 피스타치오 가나슈를
완전히 유화시킨다.

4

잘게 다진 피스타치오 분태를 넣고
섞는다.

5

짤주머니로 옮겨 짜 넣기 좋은 농도가 될
때까지 실온에서 굳힌다.

6

애플코어러나 모양 깍지로 마들렌에
구멍을 뚫는다.

7

피스타치오 가나슈를 넣는다.

8

가나슈 위에 피스타치오를 올려
데코한다.

라즈베리 마들렌

Raspberry Madeleine

상큼한 라즈베리 마들렌입니다. 먹기 전에 사랑스러운
하트 피펫에 담긴 시럽을 짜서 먹는 재미까지 있답니다.
반죽에 라즈베리와 건크랜베리를 넣어서 라즈베리 과육 특유의
톡톡 씹히는 식감과 건크랜베리의 쫀득한 식감이 조화롭습니다.

Ingredients

- 달걀 72g
- 백설탕 64g
- 꿀 7g
- 소금 1g
- 바닐라 익스트랙 2g

- 박력분 86g
- 아몬드가루 26g
- 베이킹파우더 4g

- 무염버터 72g

- 냉동 라즈베리 15g
- 건조 크랜베리 14g

라즈베리 글레이즈
- 라즈베리 퓨레 34g
- 산딸기 리큐르 3g
  풍미를 위한 것으로 생략 가능
- 슈가파우더 40g

Prep

- 우정 실팡골드 깊은 마들렌 틀을 사용합니다.
  전체 크기: 300×220mm, 1구 크기: 50×77×17mm
- 버터를 제외한 모든 재료는 실온 상태로 준비합니다. 반죽용
  냉동 라즈베리는 미리 꺼내두어 자연 해동시켜요.
- 달걀은 설탕을 넣기 전에 미리 손 거품기로 흰자와 노른자를
  섞어서 준비합니다.
- ⊛ 달걀과 설탕은 함께 계량하지 않습니다. 노른자와 설탕이 맞닿은
  상태로 그대로 두면 노른자가 부분적으로 굳어버려요.
- 건조 크랜베리는 따로 전처리하지 않고 냉동 라즈베리와
  함께 계량합니다.
- 버터는 전자레인지로 30초~1분간 녹여서 반죽에 넣기 직전
  45~55도 사이의 온도로 준비합니다.
- 산딸기 리큐르는 후람보아즈 제품을 사용합니다.

1

믹싱볼에 달걀, 설탕, 꿀, 소금, 바닐라 익스트랙을 넣고 손 거품기로 고루 섞는다.

2

박력분, 아몬드가루, 베이킹파우더를 체에 쳐서 넣고 가루가 보이지 않을 때까지 섞는다.

⊛ 계피가루를 넣을 경우에는 2g만 넣어야 계피 특유의 매운 맛이 많이 나지 않아요.

3

녹인 버터(약 45~55도)를 반죽에 넣고 손 거품기로 완전히 섞는다.

4

냉동 라즈베리, 건조 크랜베리를 넣고 주걱으로 섞는다.

5

반죽을 짤주머니로 옮겨서 최소 2시간~최대 24시간까지 냉장 휴지한다.

6

마들렌 틀에 소량의 녹인 버터나
철판이형제를 붓으로 바른다.

7

반죽을 100%까지 팬닝한다.

8

190도로 충분히 예열된 오븐에 넣어
180도에서 12~14분간 굽는다.
틀에 눌어붙지 않도록 마들렌을 옆으로
돌려 완전히 식힌다.

1

볼에 라즈베리 퓨레, 산딸기 리큐르를
넣고 슈가파우더를 체에 쳐서 넣어
섞는다.

⊛ 슈가파우더를 체에 쳐서 넣지 않으면 뭉쳐서
　풀어지지 않아요!

127

1

완전히 식은 마들렌의 바닥 부분에
라즈베리 글레이즈를 붓으로 바른다.

2

표면을 매끈하게 만들고 싶다면
실온에서 건조하고, 크러스트한 식감을
원하다면 190도로 예열된 오븐에 넣어
180도에서 약 1~2분간 건조시킨다.

3

남은 글레이즈는 하트 피펫에 담는다.

❋ 피펫에 담기 전 레몬즙을 첨가하면 더 상큼해지고
   농도를 묽게 조절할 수 있어요!

4

마들렌에 꽂아 데코한다.

말차 딸기
가나슈 마들렌

Sony Picks!

Matcha Strawberry Ganache Madeleine

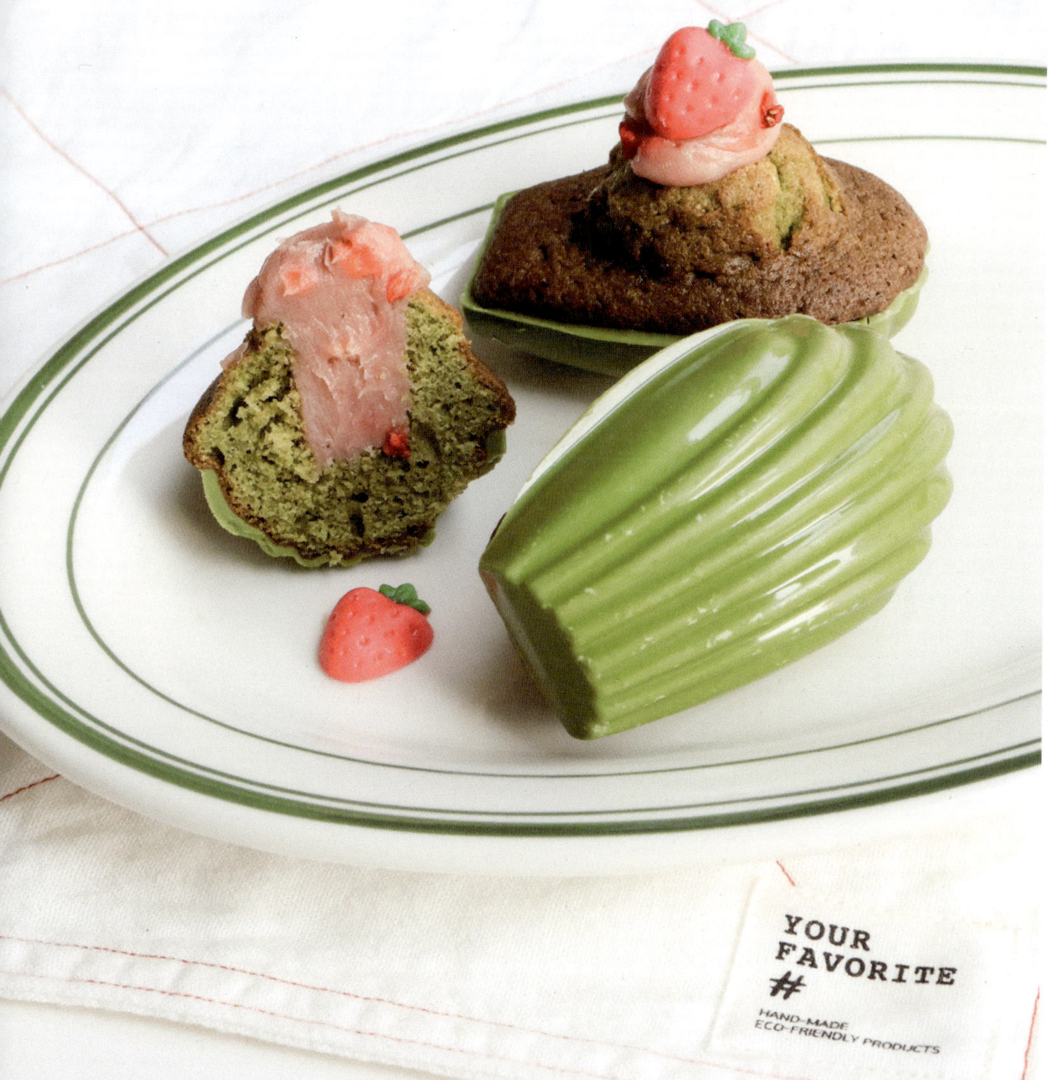

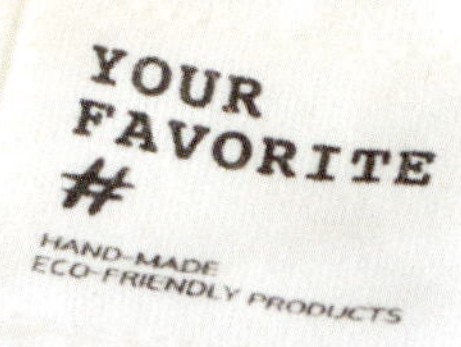

말차 입문자부터 말차 덕후까지 취향 저격하는 마들렌입니다.
녹차 특유의 떫은맛이 없는 고소한 풍미의
프리미엄 우지 말차가루로 만든 마들렌을 화이트 말차 초콜릿으로
코팅하고 상큼하고 쫀쫀한 딸기 가나슈를 넣었답니다.

Ingredients

- 달걀 89g
- 백설탕 77g
- 꿀 10g
- 소금 2g
- 바닐라 익스트랙 2g

- 박력분 81g
- 말차가루 6g
- 베이킹파우더 4g

- 무염버터 92g

화이트 말차 초콜릿 코팅
- 화이트 코팅 초콜릿 55g
- 화이트 커버춰 초콜릿 55g
- 말차가루 3g

딸기 가나슈
- 동물성 생크림 75g
- 화이트 커버춰 초콜릿 80g
- 딸기가루 5g
- 동결건조 딸기 다이스 2g

데코
- 딸기 모양 초콜렛 8개
- 동결건조 딸기 다이스 약간

Prep

- 우정 실팝골드 깊은 마들렌 틀을 사용합니다.
  전체 크기: 300×220mm, 1구 크기: 50×77×17mm
- 버터를 제외한 모든 재료는 실온 상태로 준비합니다.
- 버터는 전자레인지로 30초~1분간 녹여 반죽에 넣기 직전 온도가 45~55도 사이가 되도록 준비합니다.
- 달걀은 설탕을 넣기 전에 미리 손 거품기로 흰자와 노른자를 섞어서 준비합니다.
- ✻ 달걀과 설탕은 함께 계량하지 않습니다. 노른자와 설탕이 맞닿은 상태로 그대로 두면 노른자가 부분적으로 굳어버려요!
- 깔리바우트Callebaut 화이트 커버춰 초콜릿 28% 제품 사용했어요.

1

믹싱볼에 달걀, 설탕, 꿀, 소금, 바닐라
익스트랙을 넣고 손 거품기로 섞는다.

2

박력분, 말차가루, 베이킹파우더를 체에
쳐서 넣고 가루가 보이지 않을 때까지
섞는다.

3

녹인 버터(약 45~55도)를 넣고 완전히
섞이도록 손 거품기로 섞는다.

4

반죽을 짤주머니로 옮겨서 최소
2시간~최대 24시간까지 냉장 휴지한다.

5

마들렌 틀에 소량의 녹인 버터나
철판이형제를 붓으로 바른 후, 반죽을
100%까지 팬닝한다.

190도로 충분히 예열된 오븐에 넣어
180도에서 12~14분간 굽는다. 틀에
눌어붙지 않도록 마들렌을 옆으로 돌려
완전히 식힌다.

중탕으로 화이트 코팅 초콜릿, 커버춰
초콜릿을 완전히 녹인 후 말차가루를
체에 쳐서 넣고 섞는다.

짤주머니에 옮긴 후 깨끗이 닦은 마들렌
틀에 개당 약 12~14g씩 말차 초콜릿을
팬닝한다.

그 위에 완전히 식은 마들렌을 올린 후
마들렌을 잡고 앞뒤로 움직이며 골고루
코팅되도록 누른다. 냉동실에 넣어 약
20분간 초콜릿을 완전히 굳힌 후 바닥에
내리쳐서 틀에서 꺼낸다.

❋ 초콜릿이 완전히 굳지 않으면 틀에서 깔끔하게
   떨어지지 않아요!

딸기 가나슈

1

믹싱볼에 생크림, 화이트 커버춰 초콜릿을 넣고 중탕으로 완전히 녹인다.

⊛ 이때 온도가 너무 높으면 초콜릿이 쉽게 분리될 수 있으니 중탕 시 물 온도는 80도가 넘지 않도록 주의하세요!

2

생크림과 초콜릿이 완전히 녹아 잘 섞이면 딸기가루를 체에 쳐서 넣고 핸드 블렌더로 섞어 유화시킨다.

⊛ 핸드 블렌더로 유화시키지 않으면 손 거품기로는 덩어리가 풀리지 않아요.

3

동결건조 딸기 다이스를 넣고 섞은 후 짤주머니로 옮겨 짜 넣기 좋은 농도가 될 때까지 실온에서 굳힌다.

완성하기

1

마들렌에 애플코어러나 모양깍지로 구멍을 만든 후 딸기 가나슈를 채운다.

2

딸기 모양 초콜릿과 여분의 동결건조 딸기 다이스로 데코한다.

파인 코코 마들렌

Pineapple Coconut
Madeleine

코코넛밀크를 넣어 이국적인 향이 나는 코코넛 마들렌 반죽에,
쫀득 달콤한 건조 파인애플을 담은 필링 크림이 매력적인 마들렌입니다.
파인애플 초콜릿으로 포인트를 줘서 귀여운 비주얼을 가진,
코코넛과 파인애플의 조화가 좋은 트로피컬한 여름 맛의 레시피입니다.

Ingredients

- 달걀 78g
- 백설탕 64g
- 꿀 9g
- 소금 1g
- 바닐라 익스트랙 2g
- 코코넛밀크 19g

- 박력분 89g
- 코코넛가루 18g
- 베이킹파우더 4g

- 무염버터 83g

토핑용
- 코코넛밀크 50g
- 코코넛가루 40g

파인애플 크림
- 크림치즈 66g
- 슈가파우더 9g
- 무가당 플레인 요거트 30g
- 건조 파인애플 40g

데코
- 파인애플 모양 초콜렛 8개

Prep

- 우정 실팝골드 깊은 마들렌 틀을 사용합니다.
  전체 크기: 300×220mm, 1구 크기: 50×77×17mm
- 버터를 제외한 모든 재료는 실온 상태로 준비합니다.
- 버터는 전자레인지로 30초~1분간 완전히 녹여서 반죽에
  넣기 직전 45~55도 사이의 온도로 준비합니다.
- 달걀은 설탕을 넣기 전에 미리 손 거품기로 흰자와 노른자를
  섞어서 준비합니다.
- ⊛ 달걀과 설탕은 함께 계량하지 않습니다. 노른자와 설탕이 맞닿은
  상태로 그대로 두면 노른자가 부분적으로 굳어버려요.

1

믹싱볼에 달걀, 설탕, 꿀, 소금,
바닐라 익스트랙, 코코넛밀크를 넣고
손 거품기로 고루 섞는다.

2

박력분, 코코넛가루, 베이킹파우더를
체에 쳐서 넣고 가루가 보이지 않을
때까지 섞는다.

3

녹인 버터(약 45~55도)를 반죽에 넣고
완전히 섞이도록 손 거품기로 섞는다.

4

반죽을 짤주머니로 옮겨서 최소
2시간~최대 24시간까지 냉장 휴지한다.

5

소량의 녹인 버터나 철판이형제를
붓으로 바른다.

6

마들렌 틀에 반죽을 100%까지
팬닝한다.

7

190도로 충분히 예열된 오븐에 넣어
180도에서 12~14분간 굽는다.
틀에 눌어붙지 않도록 마들렌을 옆으로
돌려 완전히 식힌다.

파인애플 크림

1

믹싱볼에 실온의 크림치즈를 넣고
핸드 믹서로 가볍게 푼다.

2

슈가파우더를 체에 쳐서 넣고
핸드 믹서로 섞는다.

3

무가당 플레인 요거트를 2~3번에 나누어
넣으며 핸드 믹서로 완전히 섞는다.

⊛ 플레인 요거트를 한번에 넣으면 크림치즈가
　덩어리지기 때문에 반드시 나눠서 넣어주세요.

완전히 섞인 크림에 건조 파인애플을
넣고 섞는다.

완성된 크림은 바로 사용하지 않고
짤주머니에 옮겨 담아 냉장실에 2시간
이상 넣어둔 후 사용한다.

✽ 건조 파인애플이 크림의 수분을 먹어서 통통/쫄깃한
  식감이 되도록 기다려주세요.

완성하기

완전히 식은 마들렌에 전체적으로
코코넛밀크를 바른다.

코코넛밀크가 마르기 전에 코코넛가루를
묻힌다.

3

마들렌에 애플코어러나 모양깍지로
구멍을 낸다.

4

파인애플 크림을 채운다.

5

크림 위에 파인애플 모양 초콜릿을 올려
데코한다.

당근 크림치즈 마들렌

Carrot Cream Cheese
Madeleine

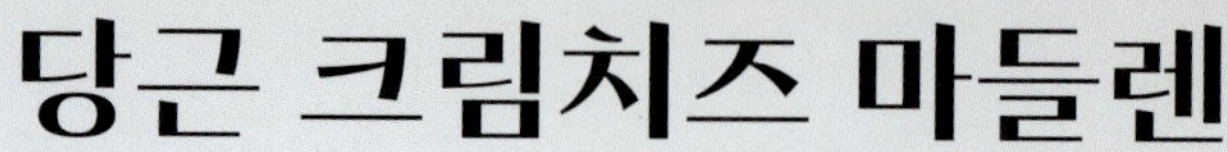

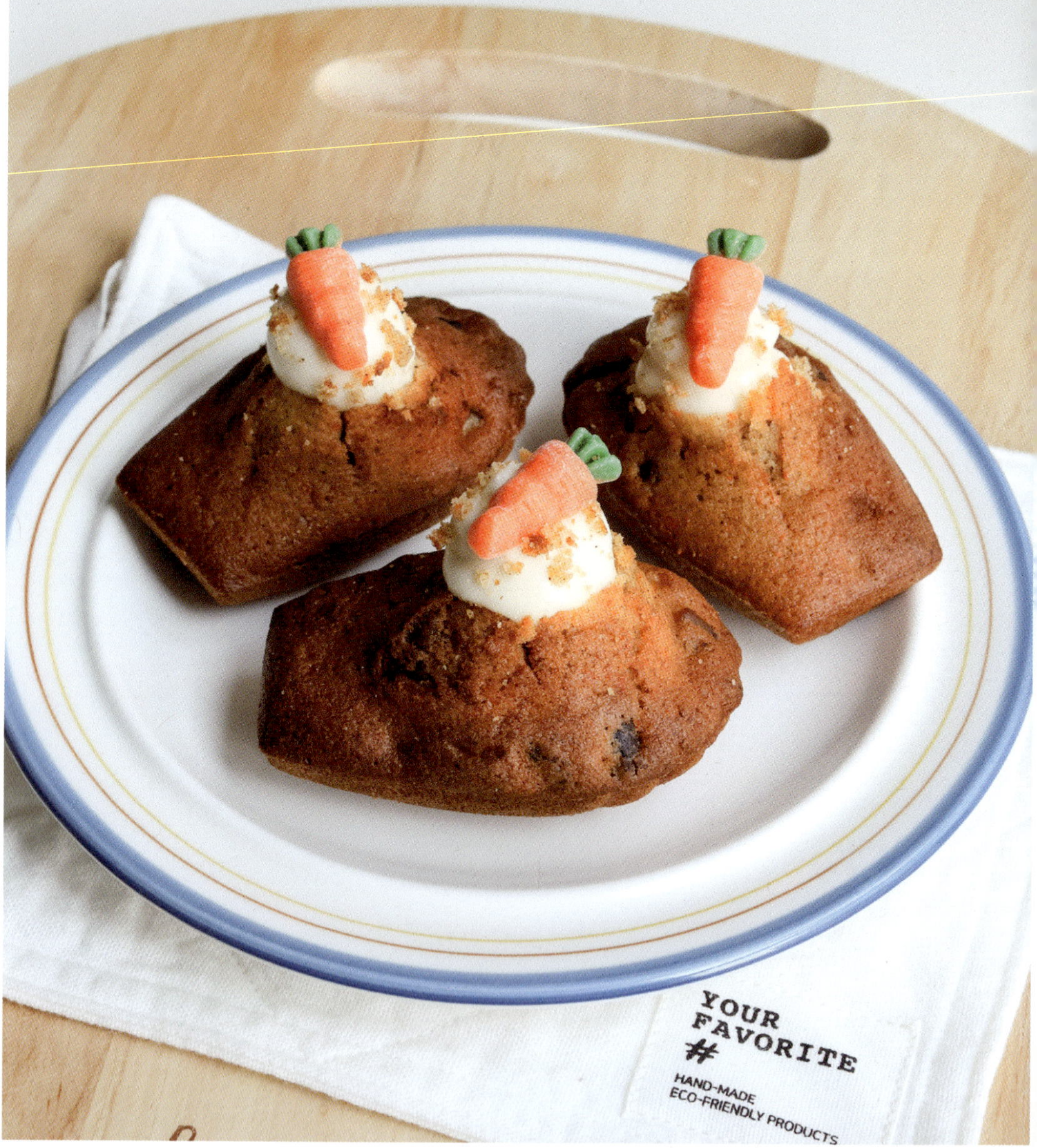

당근 싫어하는 사람도 먹어보면 놀랄 걸요?
중간중간 로스팅 피칸과 크림치즈 크림이 씹혀
마치 작은 당근케이크 같은 마들렌입니다.
시나몬가루와 코인트로를 넣어 풍미를 더했습니다.

Ingredients

- 달걀 65g
- 백설탕 56g
- 꿀 7g
- 소금 1g
- 바닐라 익스트랙 2g

- 박력분 71g
- 아몬드가루 19g
- 시나몬가루 2g
- 베이킹파우더 4g

- 무염버터 59g

- 당근 48g
- 피칸 26g
- 코인트로(오렌지 리큐르) 2g
  리큐르는 풍미를 위한 것으로 생략 가능

크림치즈 필링

- 크림치즈 93g
- 슈가파우더 12g
- 동물성 생크림 25g

데코

- 당근 모양 초콜렛 8개

Prep

- 우정 실팝골드 깊은 마들렌 틀을 사용합니다.
  전체 크기: 300×220mm, 1구 크기: 50×77×17mm
- 버터를 제외한 모든 재료는 실온 상태로 준비합니다.
- 버터는 전자레인지로 30초~1분간 녹여 반죽에 넣기 직전
  온도가 45~55도 사이가 되도록 준비합니다.
- 달걀은 설탕을 넣기 전에 미리 손 거품기로 흰자와 노른자를
  섞어서 준비합니다.
- ※ 달걀과 설탕은 함께 계량하지 않습니다. 노른자와 설탕이 맞닿은
  상태로 그대로 두면 노른자가 부분적으로 굳어버려요!
- 매운맛이 적은 커클랜드 시나몬파우더를 사용했습니다.

1

당근은 강판에 갈거나 푸드 프로세서로
잘게 다진 후 키친타월로 물기를
제거한다.

⊛ 입자가 작을수록 당근 맛이 부담스럽지 않은 마들렌을
만들 수 있어요!

⊛ 키친타월로 물기를 제거해야 반죽이 묽어지지
않아요.

2

기름을 두르지 않은 프라이팬에 피칸을
넣고 고소한 냄새가 날 때까지 볶는다.
또는 에어프라이어에 넣어 160도 5분간
굽고 완전히 식힌다.

⊛ 완전히 식히지 않으면 반죽이 부분적으로 익어버려요!

1

믹싱볼에 달걀, 설탕, 꿀, 소금, 바닐라
익스트랙을 넣고 손 거품기로 고루
섞는다.

2

박력분, 아몬드가루, 시나몬가루,
베이킹파우더를 체에 쳐서 넣고 가루가
보이지 않을 때까지 완전히 섞는다.

⊛ 시나몬가루 대신 계피가루를 넣을 경우에는 2g만
넣어요. 그래야 계피 특유의 매운맛이 많이 나지
않아요.

3

녹인 버터(약 45~55도)를 반죽에 넣고
완전히 섞이도록 손 거품기로 섞는다.

4

다진 당근, 볶은 피칸, 코인트로를 넣고
주걱으로 섞는다.

※ 반죽이 묽은 편이니 최소 2시간 휴지 시간을 꼭
　지켜주세요.

5

짤주머니로 옮겨서 최소 2시간~최대
24시간까지 냉장 휴지한다.

6

마들렌 틀에 소량의 녹인 버터나
철판이형제를 붓으로 바른 후, 반죽을
100%까지 팬닝한다.

7

190도로 충분히 예열된 오븐에 180도
12~14분간 굽는다.
틀에 눌어붙지 않도록 마들렌을 옆으로
돌려 완전히 식힌다.

1

믹싱볼에 실온의 크림치즈를 넣고
핸드믹서로 가볍게 푼 후 슈가파우더를
체에 쳐서 넣는다.

2

생크림을 넣고 핸드 믹서로 섞은 후
짤주머니에 옮겨 담는다.

1

애플코어러나 모양깍지로 구멍을 낸
마들렌에 크림치즈 필링을 넣는다.

❋ 기온이 높은 여름에 크림이 묽어 바로 사용하기
   힘들다면 냉장고에 약 30분간 넣어서 굳힌 후
   사용하세요.

2

크림 위에 당근 모양 초콜릿을 올려
데코한다.

옥수수 크림치즈 마들렌

Corn Cream Cheese Madeleine

옥수수 수프가루를 넣어서 감칠맛을 높인 옥수수 마들렌입니다.
중간중간 스위트콘이 톡톡 씹혀 재밌는 식감이 매력적이고
옥수수와 고소한 크림치즈의 조화가 좋아요.
여름에는 초당옥수수로 만들어도 맛있답니다!

Ingredients

- 달걀 74g
- 백설탕 66g
- 꿀 10g
- 소금 1g
- 바닐라 익스트랙 2g

- 박력분 70g
- 옥수수가루 11g
- 옥수수 수프가루 11g
- 베이킹파우더 4g

- 무염버터 76g

- 스위트콘(냉동 또는 통조림)
  32g
- 동물성 생크림 8g

옥수수 크림치즈 크림
- 크림치즈 97g
- 슈가파우더 13g
- 옥수수 수프가루 5g
- 동물성 생크림 20g

데코
- 통옥수수 조각 약간

Prep

- 우정 실팝골드 깊은 마들렌 틀을 사용합니다.
  전체 크기: 300×220mm, 1구 크기: 50×77×17mm
- 버터를 제외한 모든 재료는 실온 상태로 준비합니다.
- 버터는 전자레인지로 30초~1분간 녹여 반죽에 넣기 직전
  온도가 45~55도 사이가 되도록 준비합니다.
- 달걀은 설탕을 넣기 전에 미리 손 거품기로 흰자와 노른자를
  섞어서 준비합니다.
- ⊛ 달걀과 설탕은 함께 계량하지 않습니다. 노른자와 설탕이 맞닿은
  상태로 그대로 두면 노른자가 부분적으로 굳어버려요!
- 옥수수 수프가루는 체에 쳐서 안에 들어있는 건더기를
  제거해 준비합니다.
- 반죽에 넣는 스위트콘은 통조림이 아닌 냉동 제품을
  추천합니다.
- ⊛ 냉동 스위트콘을 사용하면, 전처리로 물기를 제거하지 않아도 되고,
  해동하지 않고 그대로 사용하면 통조림 스위트콘보다 단단해서
  반죽하기 쉽습니다(통조림 스위트콘은 물러서 스콘 반죽에
  부적합). 또한, 통조림 스위트콘을 넣으면 수분이 많아서 굽고 난
  후에도 상온 보관 시 냉동 스위트콘에 비해 변질되기 쉬워요.
- 통조림 스위트콘을 사용할 경우 체에 밭쳐 미리 물기를
  제거해 준비합니다.

1

믹싱볼에 달걀, 설탕, 꿀, 소금, 바닐라
익스트랙을 넣고 손 거품기로 고루
섞는다.

2

박력분, 옥수수가루, 옥수수 수프가루,
베이킹파우더를 체에 쳐서 넣고 가루가
보이지 않을때까지 완전히 섞는다.

3

녹인 버터(약 45~55도)를 반죽에 넣고
완전히 섞이도록 손 거품기로 섞는다.

4

스위트콘과 생크림을 넣고 주걱으로
섞는다.

5

반죽을 짤주머니로 옮겨서 최소
2시간~최대 24시간까지 냉장 휴지한다.

소량의 녹인 버터나 철판이형제를
붓으로 바른 후, 마들렌 틀에 반죽을
100%까지 팬닝한다.

⊛ 팬닝 후 마들렌 테두리 위주로 토핑용 옥수수
   약 20g을 올려서 구우면 톡톡 터지는 식감이
   더해지고 더 맛있어져요!

190도로 충분히 예열된 오븐에 넣어
180도에서 12~14분간 굽는다.
틀에 눌어붙지 않도록 마들렌을 옆으로
돌려 완전히 식힌다.

옥수수 크림치즈 크림

1

볼에 실온의 크림치즈를 넣고
핸드 믹서로 가볍게 푼 후 슈가파우더,
옥수수 수프가루를 체에 쳐서 넣고
핸드 믹서로 섞는다.

2

생크림을 넣고 완전히 섞는다.

3

반죽을 짤주머니로 옮긴다.

완성하기

1

마들렌에 애플코어러나 모양깍지로
구멍을 내고 크림을 채운다.

2

크림 위에 통옥수수 조각을 올려
데코한다.

글라사테 피낭시에
158P
헤이즐넛 초코칩
피낭시에
170P
아몬드 크랜베리 피낭시에
154P
캐러멜 피낭시에
162P
말차 캐슈넛 피낭시에
174P
추로스 피낭시에
166P

Chapter 5

피낭시에 박스

Financier Box

겉은 빠짝하고 속은 쫀득한 피낭시에 레시피입니다.
다양한 반죽에 토핑까지! 골라 먹는 재미가 있어요.
6종을 함께 만들어 포장하면 다채롭고,
한 종류만 만들어 포장해도 깔끔하고 고급스럽답니다.
선물용으로 특히 인기 많은 피낭시에를 추천한다면,
단연 눈길을 사로잡는 비주얼의 글라사테 피낭시에!

뵈르 누아제트

Beurre Noisette

피낭시에의 맛을 결정짓는 뵈르 누아제트 beurre noisette,
헤이즐넛 버터, 브라운 버터라고도 합니다.
일반적인 마들렌 레시피에서 녹인 버터를 넣는 것과 달리
피낭시에는 버터를 태워서 사용하죠.
그 방법에 대해 자세히 알아볼게요!

Ingredients

◦ 무염버터

⊛ 발효버터(고메버터) : 이즈니Isigny / 엘르앤비르Elle&Vire 제품 추천

1

버터는 되도록 일정한 크기의 큐브
모양으로 썬 후 냄비에 넣어 약불에
올린다.

⊛ 덩어리가 크거나 버터 조각 크기가 서로 다르면
작은 크기의 버터가 먼저 부분적으로 탈 수 있어요.

2

주걱으로 계속 저어가며 버터를
태운다. 반드시 약불을 유지한다.

❋ 센불로 버터를 태우게 되면 고르게 녹기 전에
   탄내가 심하게 나고 주걱으로 계속 저어주지
   않으면 버터가 튀어 올라 화상의 위험이 있으니
   주의하세요.

3

진한 보리차 색에서 연한 아메리카노
색이 되면 불을 끄고 차가운 물을
담은 믹싱볼 위에 냄비 바닥을 잠깐
담갔다가 꺼낸다.

❋ 찬물에 담그지 않으면 잔열로 인해 불에서 내린
   후에도 버터가 타기 때문에 원하는 정도보다 더
   타게 되고, 너무 오래 찬물에 담가두면 온도가
   40도 이하로 떨어져서 사용 직전에 적정 사용
   온도(50~60도)로 맞추기 위해 다시 데워야 하니
   잠깐만 담갔다가 꺼내세요.

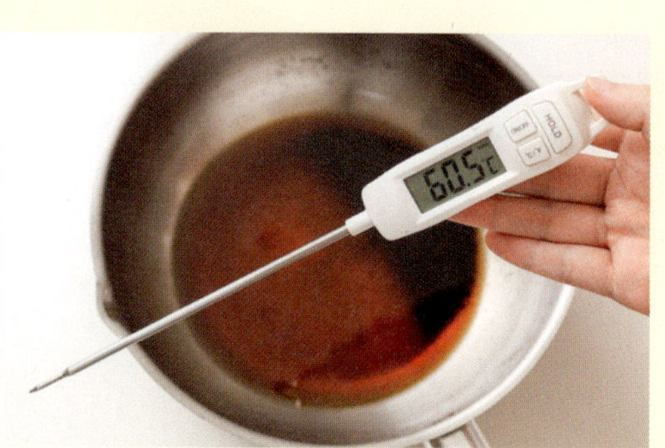

4

태운 버터의 온도가 60도가 될 때까지
식힌 후 사용한다.

❋ 60도 이상의 고온일 때 반죽에 바로 넣으면
   반죽의 흰자가 먼저 부분적으로 익을 수 있어요.

아몬드 크랜베리 피낭시에

Almond Cranberry Financier

견과류와 건과일을 넣어서 맛의 조화가 일품인 피낭시에입니다.
오븐에서 로스팅한 바삭하고 고소한 아몬드 슬라이스와
쫀득한 건크랜베리를 올려 씹는 맛이 좋아요.

Ingredients

- 달걀흰자 80g
- 백설탕 73g
- 꿀 7g
- 소금 1g
- 바닐라 익스트랙 2g

- 강력분 16g
- 박력분 16g
- 아몬드가루 54g

- 무염버터 80g

- 아몬드 슬라이스 30g
- 건크랜베리 20g

Prep

- 우정 실팝골드 피낭시에 틀을 사용합니다.
  전체 크기: 300×200mm, 1구 크기: 40×83×17mm
- 버터를 제외한 모든 재료는 실온 상태로 준비합니다.
- 버터는 뵈르 누아제트(152쪽) 상태로 반죽에 넣기 직전
  60도 전후의 온도로 준비합니다.
- 달걀은 노른자를 제외하고 흰자만 분리하여 준비합니다.

반죽 및 굽기

1

볼에 달걀흰자, 설탕, 꿀, 소금, 바닐라 익스트랙을 넣고 손 거품기로 고루 섞는다.

2

강력분, 박력분, 아몬드가루를 체에 쳐서 넣고 가루가 보이지 않을 때까지 완전히 섞는다.

3

태운 버터(뵈르 누아제트, 약 60도)를 체에 한번 걸러 반죽에 넣고 완전히 섞이도록 손 거품기로 섞는다.

4

반죽을 짤주머니로 옮겨서 최소 1시간~최대 24시간까지 냉장 휴지한다.

5

피낭시에 틀에 소량의 녹인 버터나 철판이형제를 붓으로 바른다.

6

피낭시에 틀에 반죽을 100% 팬닝한다.

⊛ 더 빠짝한 식감을 원한다면 9~10개 분량으로
늘려서 80~90% 팬닝해도 좋아요!

7

반죽 위에 아몬드 슬라이스와
건크랜베리를 나눠 올린다.

⊛ 아몬드 슬라이스를 먼저 올리면 크랜베리를 가리지
않아 완성했을 때 색이 더 예뻐요!

⊛ 말랑한 크랜베리 식감을 좋아한다면 동량의 럼이나
물에 1시간 이상 절여두었다가 키친타월로 물기를
제거해 사용하세요!

8

200도로 충분히 예열된 오븐에 넣어
190도에서 약 12~14분간 굽는다.

⊛ 구움색을 보고 시간을 조절하세요!

Sony Picks!

글라사테 피낭시에

Financier with a Sfogliatine Topping

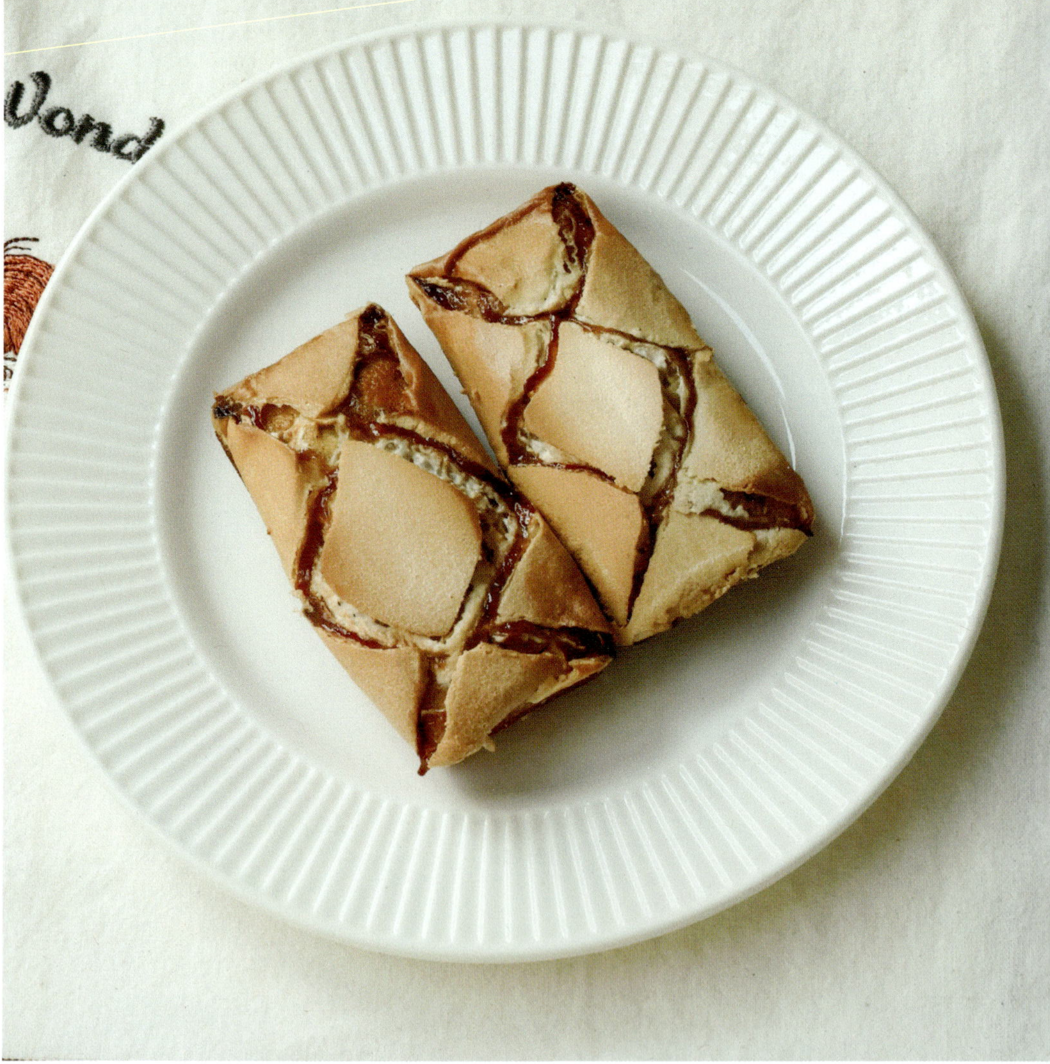

분량 8개 | **휴지** 최소 2시간~최대 24시간 | **오븐** (예열 200도) 190도에서 12~14분

달달하고 파삭한 이탈리아의 전통적인 페이스트리,
스폴리아티네 글라사테와 쫀득한 피낭시에가 정말 조화롭게 어우러진
디저트입니다. 피낭시에 중에 제일 손이 많이 가는 레시피지만,
그만큼 맛으로 보답합니다. 국내에서 인기 많은 과자와
비슷한 비주얼로 선물하기도 좋아요!

Ingredients

- 달걀흰자 68g
- 백설탕 59g
- 꿀 5g
- 소금 1g
- 바닐라 익스트랙 2g

- 박력분 24g
- 아몬드가루 56g

- 무염버터 75g

글레이즈

- 슈가파우더 53g
- 달걀흰자 11g
- 레몬즙 2~3g

토핑용

- 딸기잼(체에 거르기 전) 30~40g

Prep

- 우정 실팝골드 피낭시에 틀을 사용합니다.
  전체 크기: 300×200mm, 1구 크기: 40×83×17mm
- 버터를 제외한 모든 재료는 실온 상태로 준비합니다.
- 버터는 뵈르 누아제트(152쪽) 상태로 반죽에 넣기 직전 60도 전후의 온도로 준비합니다.
- 달걀은 노른자를 제외하고 흰자만 분리하여 준비합니다.
- 글레이즈는 냉동 휴지 중에 미리 만들어 밀착랩핑해 보관합니다.

㊟ 그대로 공기 중에 방치하면 말라서 굳어버려요.

- 딸기잼은 체에 걸러서 준비합니다.

㊟ 딸기잼이 없다면 살구잼을 사용해도 좋아요.

1

볼에 슈가파우더, 달걀흰자를 넣고
손 거품기로 섞는다. 잘 섞였다면
레몬즙을 넣고 살짝 꾸덕해지도록
손 거품기로 섞는다.

✻ 농도를 보고 너무 묽으면 슈가파우더를, 너무 되직하면
　레몬즙을 추가하여 조절하세요.

1

믹싱볼에 달걀흰자, 설탕, 꿀, 소금,
바닐라 익스트랙을 넣고 손 거품기로
고루 섞는다.

2

박력분, 아몬드가루를 체에 쳐서 넣고
가루가 보이지 않을 때까지 완전히
섞는다.

3

태운 버터(뵈르 누아제트, 약 60도)를
체에 한번 걸러 반죽에 넣고 완전히
섞이도록 손 거품기로 섞는다.

4

완성된 반죽을 짤주머니에 담는다.

5

냉장 휴지 없이 바로 피낭시에 틀에 90%
정도 평평하게 팬닝한다.

6

랩핑 후 냉동실에 넣어 최소 2시간~최대
24시간까지 휴지한다.

※ 윗면에 글레이즈를 발라야 하므로 반죽이 최대한
　평평하게 유지되도록 냉동합니다.

7

휴지가 끝난 반죽 위에 글레이즈를
균일하게 바른다.

8

글레이즈 위에 딸기잼으로 무늬를
만든다.

9

200도로 충분히 예열된 오븐에 넣어
190도에서 약 13~15분간 굽는다.

※ 구움색을 보고 시간을 조절하세요.

캐러멜 피낭시에

Caramel Financier

직접 만든 캐러멜 소스를 반죽에도 넣고 피낭시에 위에도 발라서
더 달콤하고 진한 캐러멜 풍미를 냈습니다. 커피를 부르는 맛!
바삭하고 짭짤한 미니 프레첼로 데코한 귀여운 피낭시에랍니다.

Ingredients

- 달걀흰자 75g
- 백설탕 53g
- 꿀 6g
- 소금 1g
- 바닐라 익스트랙 2g

- 중력분 52g
- 아몬드가루 60g

- 무염버터 68g

- 캐러멜 소스 56g

- 미니 프레첼 16g

캐러멜 소스
- 백설탕 75g
- 동물성 생크림 77g

Prep

- 우정 실팝골드 피낭시에 틀을 사용합니다.
  전체 크기: 300× 200mm, 1구 크기: 40×83×17mm
- 캐러멜 소스는 피낭시에 반죽하기 전에 미리 만들어 반죽에
  넣기 직전 50도 전후의 온도로 준비합니다.
- 버터와 캐러멜 소스를 제외한 모든 재료는 실온 상태로
  준비합니다.
- 버터는 뵈르 누아제트(152쪽) 상태로 반죽에 넣기 직전
  60도 전후의 온도로 준비합니다.
- 달걀은 노른자를 제외하고 흰자만 분리하여 준비합니다.
- 생크림은 전자레인지로 약 30초간 데운 후 약 50도
  전후의 온도로 준비합니다.

1
냄비에 설탕을 넣고 전체적으로 녹을
때까지 약불에서 끓인다.

2
따뜻하게 데운 생크림을 조금씩
부어가며 섞는다.

※ 차가운 생크림을 바로 넣으면 화상의 위험이 있어요.

3
설탕과 생크림이 완전히 섞이고
연갈색이 나면 불에서 바로 내린다.

※ 너무 오래 끓여서 수분이 날아가면 식으면서
　딱딱하게 굳어버려서 소스용으로 사용할 수 없어요.

1
믹싱볼에 달걀흰자, 설탕, 꿀, 소금,
바닐라 익스트랙을 넣고 손 거품기로
고루 섞는다.

2
중력분, 아몬드가루를 체에 쳐서 넣고
가루가 보이지 않을 때까지 섞는다.

3

태운 버터(뵈르 누아제트, 약 60도)를
체에 한번 걸러 반죽에 넣고 완전히
섞이도록 손 거품기로 섞는다.

4

캐러멜 소스 56g을 반죽에 넣고 완전히
섞이도록 손 거품기로 섞는다. 반죽을
짤주머니로 옮겨서 최소 1시간~최대
24시간까지 냉장 휴지한다.

⊛ 계량하고 남은 캐러멜 소스는 마지막 단계에서
  겉면에 바르는 용도로 사용합니다.

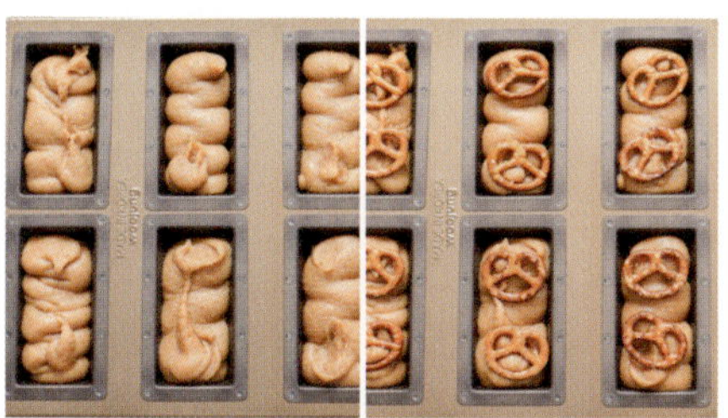

5

소량의 녹인 버터나 철판이형제를
피낭시에 틀에 붓으로 바른다. 피낭시에
틀에 반죽을 팬닝한 후 미니 프레첼을
올린다.

6

200도로 충분히 예열된 오븐에 넣어
190도에서 약 12~14분간 굽는다.

⊛ 구움색을 보고 시간을 조절하세요.

완성하기

1

피낭시에 위에 남은 양의 캐러멜 소스를
붓으로 바른다.

⊛ 캐러멜 소스가 굳었다면, 전자레인지로 20~30초
  데워서 사용하세요.

⊛ 입자가 굵은 소금을 올려 솔티 캐러멜 피낭시에로
  만들어도 좋아요.

추로스 피낭시에

Churros Financier

분량 8개 | 휴지 최소 1시간~최대 24시간 | 오븐 (예열 200도)190도에서 12~14분

시나몬가루를 묻혀 놀이공원 추로스가 생각나는 피낭시에입니다.
반죽이 묽은 편이라 많이 부풀지 않아서 더 납작하게 구워
'빠짝'한 식감을 살렸어요. 기름에 튀기지 않고도 쫀득하고
맛있는 추로스 맛이 나요!

Ingredients

- 달걀흰자 79g
- 백설탕 75g
- 꿀 5g
- 소금 1g
- 바닐라 익스트랙 2g

- 강력분 14g
- 박력분 14g
- 시나몬가루 2g
- 아몬드가루 58g

- 무염버터 88g

시나몬 슈가

- 백설탕 50g
- 시나몬가루 4g

Prep

- 우정 실팝골드 피낭시에 틀을 사용합니다.
  전체 크기: 300×200mm, 1구 크기: 40×83×17mm
- 버터를 제외한 모든 재료는 실온 상태로 준비합니다.
- 버터는 뵈르 누아제트(152쪽) 상태로 반죽에 넣기 직전 60도 전후의 온도로 준비합니다.
- 달걀은 노른자를 제외하고 흰자만 분리하여 준비합니다.

1

볼에 설탕, 시나몬가루를 넣고 잘
섞는다.

1

믹싱볼에 달걀흰자, 설탕, 꿀, 소금,
바닐라 익스트랙을 넣고 손 거품기로
고루 섞는다.

2

강력분, 박력분, 시나몬가루,
아몬드가루를 체에 쳐서 넣고 가루가
보이지 않을 때까지 섞는다.

3

태운 버터(뵈르 누아제트, 약 60도)를
체에 한번 걸러 반죽에 넣고 완전히
섞이도록 손 거품기로 섞는다.

4

반죽을 짤주머니로 옮겨서 최소
1시간~최대 24시간까지 냉장 휴지한다.

5

피낭시에 틀에 소량의 녹인 버터나
철판이형제를 붓으로 바른다.

6

피낭시에 틀에 반죽을 100% 팬닝한다.

7

200도로 충분히 예열된 오븐에 넣어
190도에서 약 12~14분간 굽는다.

⊛ 구움색을 보고 시간을 조절하세요.

완성하기

1

피낭시에가 식기 전에 바로 미리 준비한
시나몬 슈가를 골고루 묻힌다.

⊛ 식기 전에 바로 설탕 코팅을 하면 설탕 시럽을 바르지
   않아도 설탕이 잘 붙는 장점이 있어요.

헤이즐넛 초코칩 피낭시에

Hazelnut Chocolate Chip
Financier

일반적인 피낭시에 레시피와 달리 아몬드가루 대신 헤이즐넛가루를
사용해서 더 진한 맛과 향이 나는 피낭시에입니다.
토핑으로 헤이즐넛과 초코칩 큐브를 올려 고소한 풍미와
달콤한 맛이 조화롭게 잘 어울리는 디저트예요.

Ingredients

- 달걀흰자 80g
- 백설탕 80g
- 꿀 5g
- 소금 1g
- 바닐라 익스트랙 2g

- 강력분 15g
- 박력분 15g
- 헤이즐넛가루 58g

- 무염버터 80g

- 통 헤이즐넛 32g
- 초코칩 32g

Prep

- 우정 실팝골드 피낭시에 틀을 사용합니다.
  전체 크기: 300× 200mm, 1구 크기: 40×83×17mm
- 버터를 제외한 모든 재료는 실온 상태로 준비합니다.
- 버터는 뵈르 누아제트(152쪽) 상태로 반죽에 넣기 직전
  60도 전후의 온도로 준비합니다.
- 달걀은 노른자를 제외하고 흰자만 분리하여 준비합니다.

1

믹싱볼에 달걀흰자, 설탕, 꿀, 소금,
바닐라 익스트랙을 넣고 손 거품기로
고루 섞는다.

2

강력분, 박력분, 헤이즐넛가루를 체에
쳐서 넣고 가루가 보이지 않을 때까지
섞는다.

3

태운 버터(뵈르 누아제트, 약 60도)를
체에 한번 걸러 반죽에 넣고 완전히
섞이도록 손 거품기로 섞는다.

4

반죽을 짤주머니로 옮겨서 최소
1시간~최대 24시간까지 냉장 휴지한다.

5

피낭시에 틀에 소량의 녹인 버터나
철판이형제를 붓으로 바른 후 반죽을
100% 팬닝한다.

⊛ 더 빠짝한 식감을 원한다면 반죽을 70% 팬닝해
  9~10개 분량으로 늘려도 좋아요!

6

반죽 위에 통 헤이즐넛과 초코칩을
4개씩 올려 데코한다.

7

200도로 충분히 예열된 오븐에 넣어
190도에서 약 12~14분간 굽는다.

⊛ 구움색을 보고 시간을 조절하세요.

말차 캐슈넛 피낭시에

Matcha Cashew Financier

향긋한 말차와 달콤한 화이트 커버춰 초콜릿,
고소한 캐슈넛 토핑 조합으로 커피뿐만 아니라 티푸드로도 좋은
피낭시에입니다. 캐슈넛이 아닌 마카다미아를 올려도 잘 어울려요.

Ingredients

- 달걀흰자 82g
- 백설탕 81g
- 꿀 9g
- 소금 1g
- 바닐라 익스트랙 2g

- 박력분 20g
- 말차가루 8g
- 아몬드가루 54g

- 무염버터 83g

토핑
- 캐슈넛 32g
- 화이트 커버춰 초콜릿 32g

Prep

- 우정 실팟골드 피낭시에 틀을 사용합니다.
  전체 크기: 300× 200mm, 1구 크기: 40×83×17mm
- 버터를 제외한 모든 재료는 실온 상태로 준비합니다.
- 버터는 뵈르 누아제트(152쪽) 상태로 반죽에 넣기 직전 60도 전후의 온도로 준비합니다.
- 달걀은 노른자를 제외하고 흰자만 분리하여 준비합니다.

1

믹싱볼에 달걀흰자, 설탕, 꿀, 소금,
바닐라 익스트랙을 넣고 손 거품기로
고루 섞는다.

2

박력분, 말차가루, 아몬드가루를 체에
쳐서 넣고 가루가 보이지 않을 때까지
섞는다.

3

태운 버터(뵈르 누아제트, 약 60도)를
체에 한번 걸러 반죽에 넣고 완전히
섞이도록 손 거품기로 섞는다.

4

반죽을 짤주머니로 옮겨서 최소
1시간~최대 24시간까지 냉장 휴지한다.

5

피낭시에 틀에 소량의 녹인 버터나
철판이형제를 붓으로 바른 후 반죽을
100% 팬닝한다.

⊕ 더 빠짝한 식감을 원한다면 반죽을 70% 팬닝해
9~10개 분량으로 늘려도 좋아요!

6

반죽 위에 캐슈넛(3개)과 화이트 커버춰 초콜릿(4개)을 올린다.

7

200도로 충분히 예열된 오븐에 넣어 190도에서 약 12~14분간 굽는다.

⊛ 구움색을 보고 시간을 조절하세요.

황치즈 쿠키슈 190P
딸기 쿠키슈 186P
티라미수 쿠키슈 209P
블루베리 쿠키슈 204P
바닐라 쿠키슈 194P
메론 쿠키슈 199P

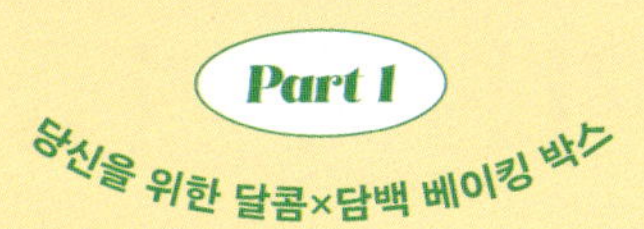

Chapter 6

쿠키슈 박스

Choux au Craquelin Box

겉은 바삭한 쿠키에 속은 폭신한 슈를 합쳐서 만든
맛있는 쿠키슈 레시피입니다.
다양한 맛의 크림을 채워 말 그대로 골라 먹는 재미가 있답니다.
쿠키 비스킷 반죽은 미리 만들어 냉동해 두고
크림만 따로 만들면 되므로 '대량생산'하기도 좋아요!

기본 쿠키슈

Choux au Craquelin

분량 16~18개 ｜ **휴지** (쿠키 비스킷) 30분 ｜ **오븐** (예열 200도) **1차** 190도에서 15분, **2차** 170도 15분

바삭바삭한 기본 쿠키슈 레시피입니다. 보통의 슈도 맛있지만,
슈 반죽에 쿠키 비스킷이 더해져 더 맛있는 디저트가 돼요.
쿠키 비스킷과 크림을 전날 만들어서 비스킷은 냉동, 크림은 냉장해 둔 후
당일엔 슈만 만들어 부담 없이 완성해 보세요.
원하는 맛의 크림 한 가지만 만들어 포장해도 좋고, 크림 6종을 모두
만들어 종합 선물 세트로 구성하면 더 특별하답니다!

Ingredients

쿠키 비스킷
- 무염버터 45g
- 백설탕 45g
- 박력분 55g

슈
- 무염버터 60g
- 물 60g
- 우유 60g
- 소금 2g

- 중력분 70g

- 달걀 120g(110~130g)
※ 추후 호화 정도에 따라 ±10g 정도 중량이 다를 수 있어요!

Prep

- 4.8cm 원형 커터를 사용합니다.

- 버터는 실온에 30분 이상 두어 23도 전후의 말랑한 상태로 준비합니다(쿠키 비스킷/슈 반죽 동일).

- 슈 반죽용 달걀은 미리 풀어서 실온 상태로 준비합니다.

- 슈 반죽용 중력분은 미리 체에 쳐서 준비합니다.

- 호화 정도를 확인하기 위해 코팅 냄비보다는 스텐 냄비를 추천합니다.

- 슈 반죽용 달걀은 한 번에 넣지 말고 농도를 확인하며 가감합니다.

1

믹싱볼에 버터를 넣고 주걱으로
부드럽게 푼다.

2

설탕을 넣고 주걱으로 섞는다.

3

박력분을 체에 쳐서 넣는다.

4

가루가 보이지 않을 때까지 주걱으로
11자를 그려가며 섞는다.

5

완성된 반죽을 종이포일 위에 올린 후
다시 종이포일로 덮어 3mm 두께로 밀어
편 후 그대로 냉동실에 넣어 30분 이상
둔다.

냉동실에서 꺼내 4.8cm 원형 커터로
찍어낸다.

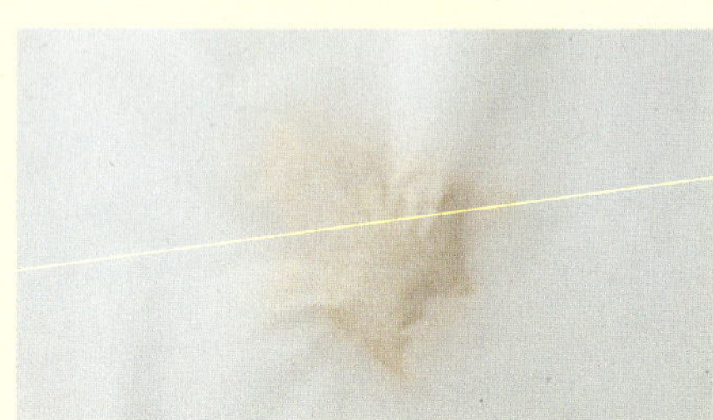

남은 반죽을 다시 하나로 합쳐서 ⑤번
과정부터 반복하며 16~18개 만든다.

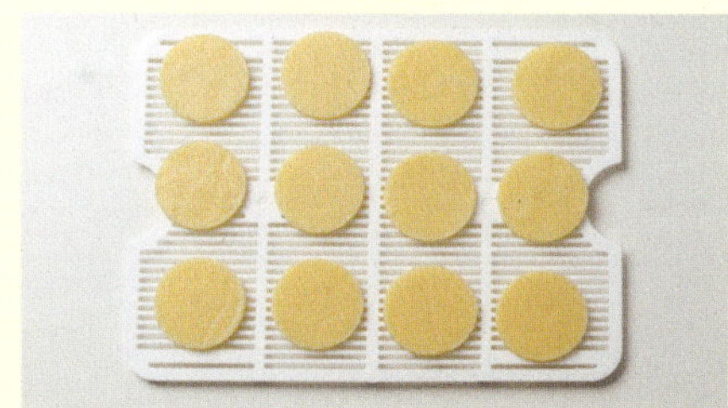

서로 달라붙지 않게 트레이에 올려서
냉동 보관한다.

⊛ 반죽이 금방 녹기 때문에 완성된 쿠키 비스킷 반죽은
  바로 냉동실에 넣어 사용 직전까지 냉동 보관하세요.

1

스텐 냄비에 버터, 물, 우유, 소금을
넣고, 버터가 완전히 녹고 냄비
가장자리가 보글보글 끓기 시작할
때까지 약불에서 끓인다. 이때 중간중간
주걱으로 저어준다.

2

불을 끄고 체에 친 중력분을 넣어
섞는다.

3

날가루가 보이지 않고 반죽이 한
덩어리로 뭉쳐질 때까지 주걱으로
섞는다.

4

반죽을 전체적으로 펼쳤다 모아가며
중약 불에서 1~2분간 반죽을
볶는다(호화 작업).

⊛ 반죽이 부분적으로 타거나 바닥에 눌어붙지 않도록
  계속 볶아요.

5

반죽이 전체적으로 윤기가 돌고 냄비
바닥에 얇은 막이 생기면 불을 끈다.

⊛ 호화가 제대로 이루어지지 않으면 쿠키슈가 부풀지
  않기 때문에 볶는 시간보다는 반죽 상태가 더
  중요해요!

6

완성된 슈 반죽은 온도를 빠르게 식히기
위해 유리 재질의 믹싱볼로 옮겨서
넓게 펼친 후 50도 이하가 될 때까지
기다린다.

✽ 식히지 않고 바로 달걀을 넣으면 달걀이 섞이지 않고
  바로 익어버려요!

7

미리 풀어둔 달걀을 2~3번에 나누어
넣으며 주걱으로 섞는다.

✽ 반죽 농도를 조절해야 하기 때문에 한 번에 넣으면
  안 돼요! 110g을 넣은 후 너무 되직하다면 10g씩
  추가하며 농도를 맞추세요.

8

주걱으로 반죽을 들어 올렸다가
떨어뜨렸을 때, 반죽이 뾰족하고 깔끔한
V자 모양으로 떨어지면 완성!

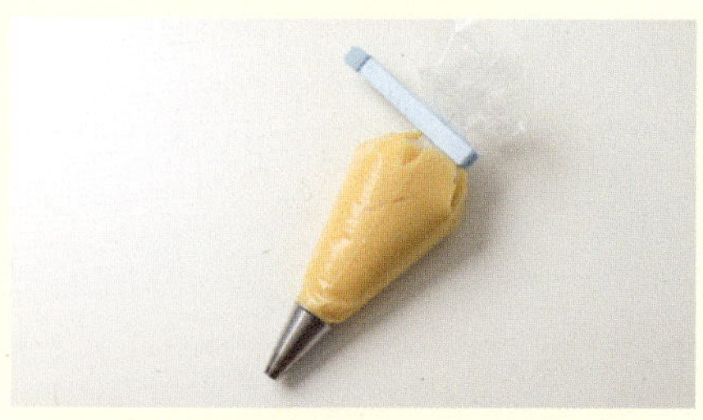

9

완성된 반죽은 804번 깍지를 낀
짤주머니에 담는다.

10

4.8cm 원형 커터에 소량의 밀가루를
묻혀 타공매트 위에 팬닝 할 위치를
표시한다.

✽ 구워지면서 약 1.5~2배 이상 부풀기 때문에 서로
  달라붙지 않도록 여유를 주세요!

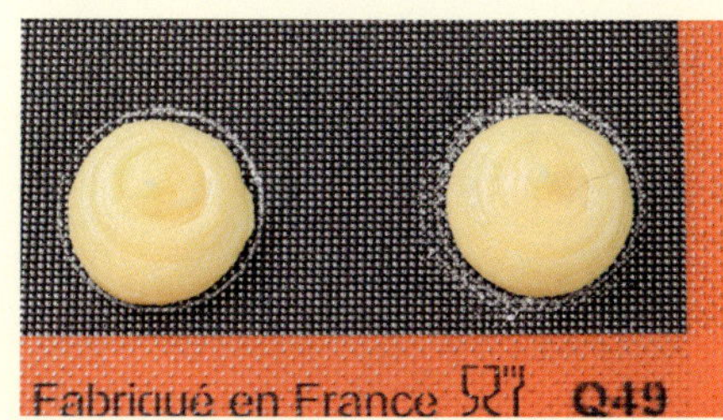

11

표시한 부분(지름 4.8cm)을 넘지 않도록 반죽을 동그랗고 도톰하게(반구 모양) 팬닝한다.

⊛ 타공매트를 사용하면 쿠키슈 밑면이 들뜨지 않고 평평하게 구워져요!

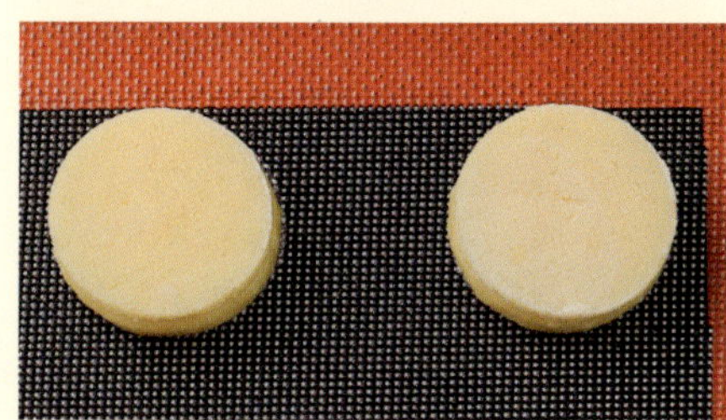

12

슈 반죽 위로 미리 만들어 얼려둔 쿠키 비스킷을 올린다.

⊛ 쿠키 비스킷이 쓰러지지 않도록 슈 반죽 정중앙에 균형을 잘 잡아 올려요!

13

충분히 예열한 오븐에 넣고 190도에서 15분 구운 후, 오븐 문을 열지 않고 그대로! 170도로 온도를 낮춰 15분간 더 굽는다.

⊛ 굽는 도중에 오븐 문을 열면 쿠키슈가 주저앉기 때문에 굽는 도중에 절대 문을 열지 마세요!

⊛ 각자의 오븐 화력에 따라 굽는 시간을 다르게 조절하세요. 구움색이 빨리 나는 경우 190도에서 10분간 굽고 그대로 170도로 낮춰서 20분간 구워요!

⊛ 타공매트 그대로 구울 경우, 굽자마자 바로 실리콘 매트에서 떼어내면 쿠키슈 밑면이 뜯어지기 때문에 완전히 식은 후 옮깁니다.

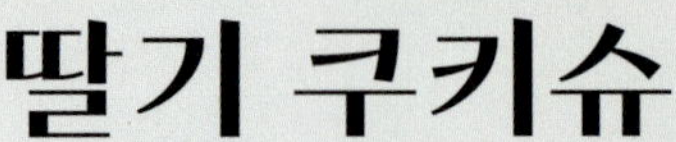

딸기 쿠키슈

Choux au Craquelin with
Strawberry Cheese Cream

딸기 쿠키슈

새콤달콤한 동결건조 딸기가루와 딸기 다이스를 넣어서
진한 딸기 맛이 나는 쿠키슈입니다.
호불호 없이 누구나 좋아할 딸기 요거트 맛 크림을 넣었어요.
이 크림은 딸기 케이크 크림으로도 추천하는 레시피예요!

Ingredients

- 쿠키슈(180쪽) 16~18개

딸기 크림
- 크림치즈 146g
- 동결건조 딸기가루 23g
- 백설탕 60g

- 동물성 생크림 468g

- 동결건조 딸기 다이스 6g

데코
- 딸기 모양 초콜릿 16~18개

Prep

- 끼리 크림치즈를 사용했습니다.
- 100% 동결건조 딸기가루를 사용했습니다.
- 동물성 생크림을 사용해야 느끼하지 않고 맛있습니다.

1

믹싱볼에 크림치즈를 넣고 핸드 믹서로
전체적으로 가볍게 푼다.

2

동결건조 딸기가루와 설탕을 넣고
핸드 믹서 저속으로 섞는다.

3

생크림을 2~3번에 나누어 넣으며
핸드 믹서 중고속으로 섞는다.

⊛ 생크림을 한 번에 넣으면 크림치즈와 덩어리질 수
  있으니 맨 처음에는 약 50g 미만으로 조금만 넣어서
  섞으세요.

4

동결건조 딸기 다이스를 넣고 주걱으로
섞는다.

5

짤주머니에 완성된 크림을 담는다.

6

완전히 식은 쿠키슈 위에 구멍을 뚫는다.

⊛ 쿠키슈가 완전히 식지 않은 상태에서 크림을 넣으면
　크림이 물처럼 녹아요!

7

쿠키슈 안에 크림을 가득 채우고
윗면에 동그란 모양으로 크림을 짜서
완성한다(개당 약 40g 이상 채운다).

8

크림 위에 딸기 모양 초콜릿을 올려
데코한다.

황치즈 쿠키슈

단짠단짠 황치즈 러버라면 무조건 좋아할 쿠키슈입니다.
크림에 파마산 치즈가루를 넣어 감칠맛을 더했어요.
부드럽고 고소한 치즈 크림이라 황치즈 입문자에게도 추천해요!

Ingredients

- 쿠키슈(180쪽) 16~18개

황치즈 크림
- 크림치즈 160g

- 황치즈가루 42g
- 파마산 치즈가루 16g
- 백설탕 53g

- 동물성 생크림 428g

데코
- 치즈 모양 초콜릿 16~18개

Prep

- 끼리 크림치즈를 사용했습니다.
- 서강 황치즈가루를 사용했습니다.
- 동물성 생크림을 사용해야 느끼하지 않고 맛있습니다.

1

믹싱볼에 크림치즈를 넣고 핸드 믹서로
전체적으로 가볍게 푼다.

2

황치즈가루, 파마산 치즈가루, 설탕을
넣고 핸드 믹서 저속으로 섞는다.

3

생크림을 2~3번에 나누어 넣으며 핸드
믹서 중고속으로 섞는다.

❋ 생크림을 한 번에 넣으면 크림치즈와 덩어리질 수
  있으니 맨 처음에는 약 50g 미만으로 조금만 넣어서
  섞으세요.

4

짤주머니에 완성된 크림을 담는다.

1

완전히 식은 쿠키슈 위에 구멍을 뚫는다.

⊛ 쿠키슈가 완전히 식지 않은 상태에서 크림을 넣으면
크림이 물처럼 녹아요!

2

쿠키슈 안에 크림을 가득 채우고
윗면에 동그란 모양으로 크림을 짜서
완성한다(개당 약 40g 이상 채운다).

3

크림 위에 치즈 모양 초콜릿을 올려
데코한다.

Sony Picks!

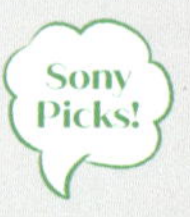

바닐라 쿠키슈

Choux au Craquelin with Vanilla Cream

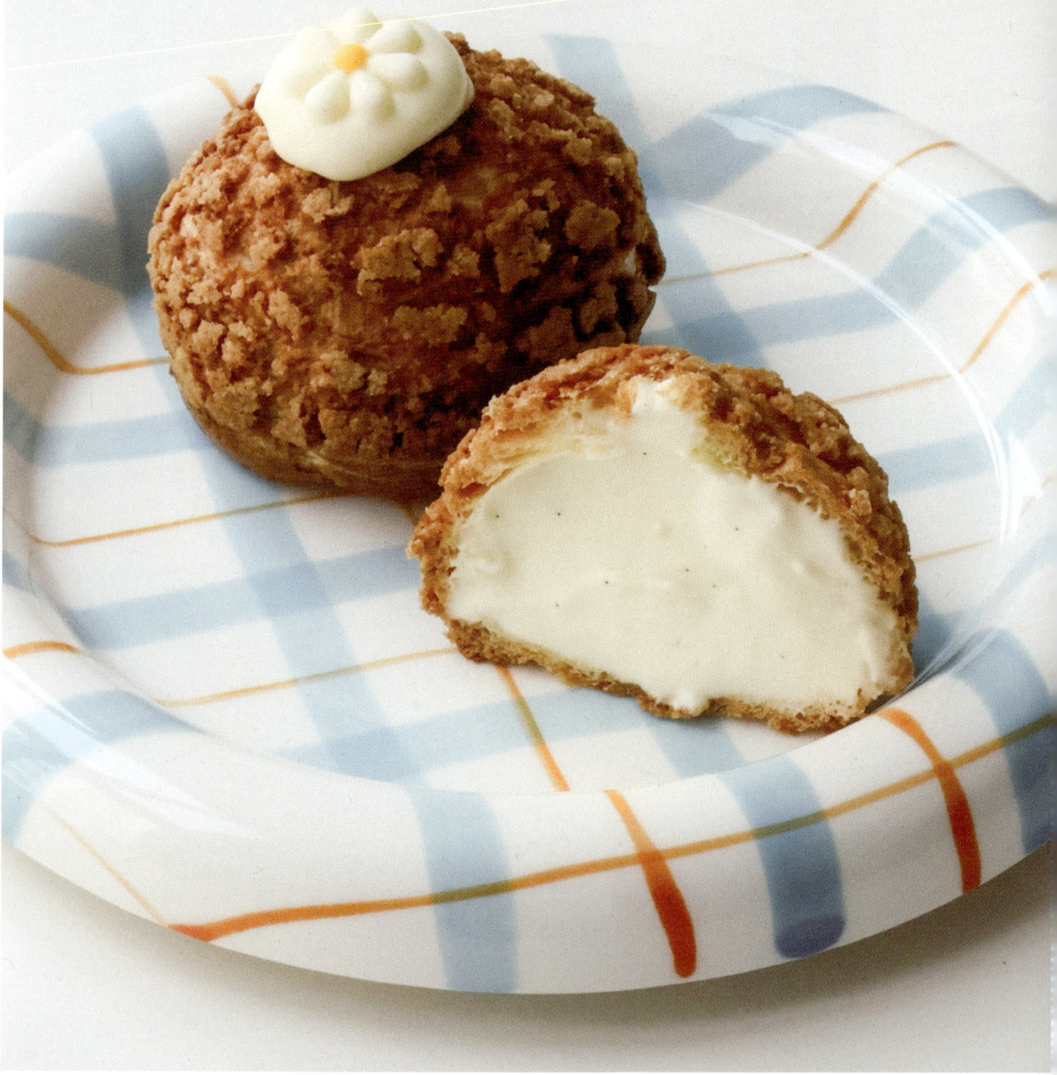

1900만 조회수가 나왔던 바로 그 쿠키슈! 크림 레시피를
여러 번 더 테스트해서 완성도를 높였어요. 바닐라빈 한 개를 통째로 넣고
만든 커스터드 크림인데요. 정말 맛있는, 고급스러운 맛이에요.
어떤 쿠키슈와 함께 세트로 선물해도 궁합이 좋습니다.
커피를 곁들이면 가장 맛있어요.

Ingredients

- 쿠키슈(180쪽) 16~18개

디플로마트 크림
<u>커스터드 크림</u>
- 우유 388g
- 백설탕 16g

- 바닐라빈 1개
- 달걀노른자 81g
- 백설탕 81g
- 옥수수 전분 16g

<u>휘핑 크림</u>
- 동물성 생크림 226g
- 백설탕 22g

데코
- 꽃 모양 초콜릿 16~18개

Prep

- 바닐라빈은 미리 반으로 갈라서 바닐라 씨드를 분리합니다.
- 커스터드 크림은 전날 밤에 미리 만들어두어도 좋습니다.
- 동물성 생크림을 사용해야 느끼하지 않고 맛있습니다.

1

냄비에 우유, 설탕(16g)을 넣고
주걱으로 저어가며 바글바글 끓인 후
불을 끈다(약 70~80도).

2

다른 냄비에 미리 긁어둔 바닐라빈 씨드,
달걀노른자, 설탕(81g), 옥수수 전분을
넣고 손 거품기로 섞는다.

3

미리 끓여둔 우유를 2~3번에 나누어
넣으며 섞는다.

⊛ 뜨거운 우유를 한 번에 넣으면 노른자가 익을 수 있으니
조금씩 나누어 넣으며 다른 손으로는 계속 손 거품기로
섞어주세요.

4

다시 냄비를 불 위에 올려서 몽글몽글한
제형이 될 때까지 중약 불로 끓인다.

⊛ 부분적으로 타거나 냄비 바닥에 눌어붙지 않도록 계속
저어주세요!

⊛ 젓지 않아도 기포가 터지면 완성이에요!

5

완성된 커스터드 크림을 체에 거른다.

⊛ 체에 한번 거르면 식감이 더 좋아져요.

6

밀착랩핑한 후 냉장실에 넣고 2시간
이상 두어 차갑게 식힌다.

디플로마트 크림

1

다른 믹싱볼에 생크림, 설탕을 넣고
휘퍼가 지나간 자국이 보이는 정도(약
60~70%)가 되도록 핸드 믹서 고속으로
휘핑한다.

⊛ 오버 휘핑되지 않도록 주의하세요.

2

차갑게 식은 커스터드 크림을 꺼내
뭉친 부분 없이 전체적으로 부드럽게
풀어지도록 핸드 믹서 중고속으로
휘핑한다.

⊛ 커스터드 크림을 풀어주지 않고 바로 휘핑크림과 섞으면
덩어리가 생겨서 식감이 아주 나빠져요!

3

②의 커스터드 크림에 ①의 휘핑 크림을
2~3번에 나누어 넣으며 핸드 믹서
중속으로 섞는다.

❋ 오버 휘핑되지 않도록 주의하세요!

4

짤주머니에 완성된 크림을 담는다.

완성하기

1

완전히 식은 쿠키슈 위에 구멍을 뚫는다.

❋ 쿠키슈가 완전히 식지 않은 상태에서 크림을 넣으면
크림이 물처럼 녹아요!

2

쿠키슈 안에 크림을 가득 채우고
윗면에 동그란 모양으로 크림을 짜서
완성한다(개당 약 40g 이상 채운다).

3

크림 위에 꽃 모양 초콜릿을 올려
데코한다.

메론 쿠키슈

Choux au Craquelin with Melon Cream

메론 아이스크림을 좋아하는 사람이라면 무조건 좋아할 쿠키슈입니다.

'메로나'가 쿠키슈가 된다면 딱 이런 맛일까요?

여름에 차갑게 먹으면 더 맛있어요! 어른들보다는 아이들이 더 좋아해요.

Ingredients

- 쿠키슈(180쪽) 16~18개

메론 크림

커스터드 크림
- 우유 350g
- 백설탕 28g

- 달걀노른자 84g
- 백설탕 50g
- 옥수수 전분 28g
- 소금 1g

휘핑 크림
- 동물성 생크림 336g
- 백설탕 33g

- 메론레진 9g

데코
- 작은 메론 조각 16~18개

Prep

- 커스터드 크림은 전날 밤에 미리 만들어두어도 좋습니다.

- 3 in 1 내츄럴믹스 메론레진을 사용했습니다(메론맛의 핵심! 필수 재료!).

- 동물성 생크림을 사용해야 느끼하지 않고 맛있습니다.

Choux au Craquelin Box

1

냄비에 우유, 설탕(28g)을 넣고
주걱으로 저어가며 바글바글 끓인 후
불을 끈다(약 70~80도).

2

다른 냄비에 달걀노른자, 설탕(50g),
옥수수 전분, 소금을 넣고 섞는다.

3

미리 끓여둔 우유를 2~3번에 나누어
넣으며 섞는다.

❋ 뜨거운 우유를 한 번에 넣으면 노른자가 익을 수 있으니
조금씩 나누어 넣으며 다른 손으로는 계속 손 거품기로
섞어주세요.

4

다시 냄비를 불 위에 올려서 몽글몽글한
제형이 될 때까지 중약 불로 끓인다.

❋ 부분적으로 타거나 냄비 바닥에 눌어붙지 않도록 계속
저어주세요!

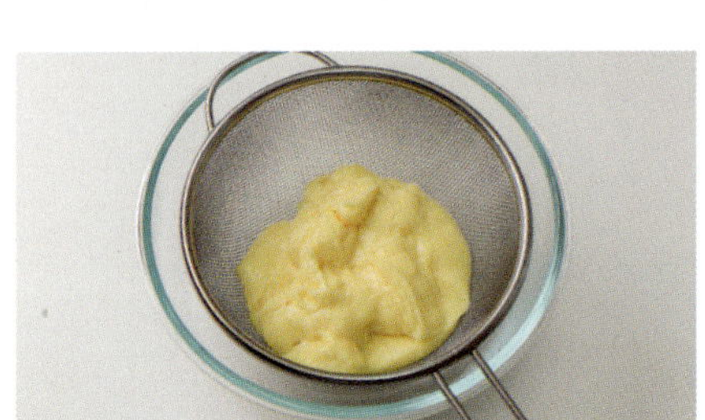

5

완성된 커스터드 크림을 체에 거른다.

❋ 체에 한번 거르면 식감이 더 좋아져요.

6

밀착랩핑한 후 냉장실에 넣고 1시간
이상 두어 차갑게 식힌다.

메론 크림

1

다른 믹싱볼에 생크림, 설탕을 넣고
휘퍼가 지나간 자국이 보이는 정도(약
60~70%)가 되도록 핸드 믹서 고속으로
휘핑한다.

＊ 오버 휘핑되지 않도록 주의하세요.

2

차갑게 식은 커스터드 크림을 꺼내
메론레진을 넣고 뭉친 부분 없이
전체적으로 부드럽게 풀어지도록 핸드
믹서 중고속으로 휘핑한다.

3

②의 커스터드 크림에 ①의 휘핑 크림을
2~3번에 나누어 넣으며 핸드 믹서
중고속으로 휘핑해서 섞는다.

＊ 오버 휘핑되지 않도록 주의하세요!

4

짤주머니에 완성된 크림을 담는다.

1

완전히 식은 쿠키슈 위에 구멍을 뚫는다.

✽ 쿠키슈가 완전히 식지 않은 상태에서 크림을 넣으면
   크림이 물처럼 녹아요!

2

쿠키슈 안에 크림을 가득 채우고
윗면에 동그란 모양으로 크림을 짜서
완성한다(개당 약 40g 이상 채운다).

3

크림 위에 메론 조각을 올려 데코한다.

블루베리 쿠키슈

Choux au Craquelin with Blueberry Cream

블루베리 콩포트를 직접 만들어서 자연스러운 새콤달콤함이 좋고,
중간중간 블루베리 과육이 느껴지는 맛있는 블루베리 쿠키슈입니다.
블루베리 크림치즈 케이크에도 여기에 소개한
크림 레시피를 활용해 보세요!

Ingredients

- 쿠키슈(180쪽) 16~18개

블루베리 콩포트
- 냉동 블루베리 136g
- 백설탕 45g
- 레몬즙 25g

블루베리 크림
- 크림치즈 188g
- 백설탕 45g
- 동물성 생크림 376g
- 블루베리 콩포트 90g

데코
- 생블루베리 16~18개

Prep

- 완성된 블루베리 콩포트는 과육 위주로 사용했습니다.
- 끼리 크림치즈를 사용했습니다.
- 동물성 생크림을 사용해야 느끼하지 않고 맛있습니다.

1

냄비에 냉동 블루베리, 설탕, 레몬즙을
넣고 주걱으로 저어가며 중약 불에서
약 5분 이상 끓인다.

2

주걱으로 냄비 바닥을 긁었을 때, 주걱
모양대로 길이 생기면 불을 끈다.

3

한김 식힌 후 냉장실에 넣고 완전히
식힌다.

✻ 블루베리 콩포트를 완전히 식히지 않고 크림에 넣으면
크림이 물처럼 녹아요!

1

믹싱볼에 크림치즈를 넣고 핸드 믹서로
전체적으로 가볍게 푼다.

2

설탕을 넣고 핸드 믹서 저속으로 섞는다.

3

생크림을 2~3번에 나누어 넣으며
핸드 믹서 중고속으로 섞는다.

✻ 생크림을 한 번에 넣으면 크림치즈와 덩어리질 수
  있으니 맨 처음에는 약 50g 미만으로 조금만 넣어서
  섞으세요.

4

블루베리 콩포트를 넣고 핸드 믹서
저속으로 섞는다.

5

짤주머니에 완성된 크림을 담는다.

1

완전히 식은 쿠키슈 위에 구멍을 뚫는다.

⊛ 쿠키슈가 완전히 식지 않은 상태에서 크림을 넣으면
   크림이 물처럼 녹아요!

2

쿠키슈 안에 크림을 가득 채우고
윗면에 동그란 모양으로 크림을 짜서
완성한다(개당 약 40g 이상 채운다).

3

크림 위에 생블루베리를 올려 데코한다.

티라미수 쿠키슈

Choux au Craquelin with Tiramisu Cream

마스카포네와 생크림을 1:1 비율로 배합해 더 부드럽고 고소한
티라미수 크림과 바삭한 쿠키슈의 조합이 정말 맛있어요!
발로나 카카오파우더를 뿌려 더 고급스러운 맛이 납니다.
티라미수 좋아하신다면 꼭 한번 만들어보세요.

Ingredients

- 쿠키슈(180쪽) 16~18개

티라미수 크림

마스카포네 치즈 크림
- 달걀노른자 46g
- 백설탕 23g
- 우유 23g
- 바닐라 익스트랙 4g

- 깔루아(커피 리큐르) 7g

- 마스카포네 치즈 287g

휘핑크림
- 동물성 생크림 287g
- 백설탕 28g

데코
- 카카오파우더 10g 내외
- 커피 원두 모양 초콜릿 16~18개

Prep

- 마스카포네 치즈는 크림치즈로 대체할 수 없습니다.
- 깔루아는 생략하면 풍미가 많이 떨어집니다.
- 카카오파우더는 발로나 제품을 사용했습니다.
- 동물성 생크림을 사용해야 느끼하지 않고 맛있습니다.

마스카포네 치즈 크림

1

믹싱볼에 달걀노른자, 설탕, 우유, 바닐라 익스트랙을 넣고 손 거품기로 섞는다.

2

뜨거운 중탕물 위에 ①의 믹싱볼을 올려 온도가 70도가 될 때까지 계속 손 거품기로 저어준다.

㊉ 달걀노른자를 중탕으로 살균하는 과정입니다.

㊉ 계속 섞지 않으면 달걀노른자가 익어버리니 주의하세요!

3

볼을 꺼낸 후 깔루아(커피 리큐르)를 넣고 온도가 30도 이하가 될 때까지 식힌다.

4

마스카포네 치즈를 넣고 손 거품기로 덩어리가 보이지 않을 때까지 섞는다.

㊉ 노른자가 너무 뜨거우면 마스카포네 치즈가 섞이지 않고 분리될 수 있으니 반드시 식힌 후에 섞어주세요!

㊉ 처음에는 마스카포네 치즈가 덩어리지는 것 같지만 계속 손 거품기로 섞으면 매끈해집니다.

1

다른 믹싱볼에 생크림, 설탕을 넣고
핸드 믹서 중고속으로 휘핑한다.

⊛ 무더운 여름날이라면 생크림 휘핑하는 동안
   마스카포네 크림은 냉장 보관하세요.

2

차갑게 식은 마스카포네 치즈 크림을
꺼내 ①의 휘핑 크림을 넣고 핸드 믹서
저속으로 휘핑한다.

⊛ 오버 휘핑되지 않도록 주의하세요!

3

짤주머니에 완성된 크림을 담는다.

1

완전히 식은 쿠키슈 위에 구멍을 뚫는다.

2

쿠키슈 윗면에 카카오가루를 체에 쳐서
뿌린다.

3

쿠키슈 안에 크림을 가득 채우고
윗면에 동그란 모양으로 크림을 짜서
완성한다(개당 약 40g 이상 채운다).

✲ 쿠키슈가 완전히 식지 않은 상태에서 크림을 넣으면
　 크림이 물처럼 녹아요!

4

크림 위에 커피 원두 모양 초콜릿을 올려
데코한다.

Part 2

특별한 날을 위한
더 데이 THE DAY
베이킹 박스

더블 초코
미니 파운드케이크
226P
진저 스노우맨 쿠키
222P
진저 초콜릿 쿠키
230P
크래커 트리
머랭 쿠키
218P
솔티 캐러멜
235P
merry Xmas

Chapter 1

Merry Christmas

크리스마스
베이킹 박스

연말에 꼭 챙기는 기념일 중 하나인 크리스마스!
크리스마스 베이킹이 고민이었다면 이 챕터가 해결해 줄 거예요.
초보자도 만들 수 있는 간단한 머랭쿠키부터
크리스마스 분위기 물씬 나는 파운드케이크까지 소개하니,
취향대로 골라서 만들어보세요. :)

크래커 트리 머랭 쿠키

Cracker Tree
Meringue Cookie

짭조름한 크래커에 달콤한 머랭이 올라간
단짠단짠 스위스 머랭 쿠키입니다. 트리 모양으로 파이핑해서
크리스마스 베이킹박스에 빠질 수 없는 디저트예요!
재료가 엄청 간단하고 과정도 어렵지 않아서 초보자도 해낼 수 있으니
꼭 한번 만들어보세요.

Ingredients

- 미니 크래커 약 40개
- 스프링클 약간

머랭
- 달걀흰자 66g
- 백설탕 66g

- 레몬즙 3g

- 식용 색소 초록색 1g 이내

Prep

- 853k 깍지를 사용했습니다. 853k 깍지(8발 별깍지)가 없다면 중간 크기의 7~8발 별깍지로 대체 가능합니다.

- 달걀은 2개 분량을 흰자와 노른자로 분리해 흰자만 사용합니다. 절대로 노른자가 들어가지 않게 주의합니다.

- 식용 색소는 윌튼 모스그린 9 : 셰프마스터 리프그린 1 비율로 조색했습니다.

- 오븐 트레이 위에 크래커를 서로 닿지 않도록 올려둡니다.

1 따뜻한 중탕물 위에 달걀흰자를
담은 믹싱볼을 올린 후 설탕을 넣고
손 거품기로 섞는다.

2 달걀흰자 온도가 45~50도가 될 때까지
계속 저어가며 섞는다.

❋ 달걀흰자에 설탕을 완전히 녹이는 작업입니다!
　달걀흰자가 익지 않도록 계속 저어주세요.

3 중탕물 위에서 믹싱볼을 내린 후
레몬즙을 넣는다.

4 핸드 믹서 고속으로 휘핑을 시작해
휘퍼를 들어 올렸을 때 뿔이 뾰족하게 설
때까지 휘핑한다.

5 식용 색소를 넣고 휘퍼를 들어 올렸을 때
뿔이 조금 더 빳빳해질 때까지 고속으로
휘핑한다.

6

주걱으로 믹싱볼 옆면과 바닥에 색소가
섞이지 않은 부분이 있는지 확인하며 잘
섞는다.

7

별깍지를 끼운 짤주머니에 완성한
머랭을 담는다.

8

트레이에 크래커를 올린 후 트리
모양으로 머랭을 파이핑한다.

9

3단으로 짠다는 느낌으로 처음에는
묵직하게 두 번째는 보통, 마지막은
가볍게 위로 올려서 마무리한다.

10

머랭 위에 스프링클을 뿌려서 데코한
후, 100도로 충분히 예열한 오븐에 넣어
90도에서 1시간 30분간 굽는다.

❋ 머랭 쿠키는 다른 베이킹과 다르게 열풍으로 말리듯이
오래 구워야 파삭해져요! 1시간 30분을 구워도
겉면을 만졌을 때 완전히 파삭하지 않다면 30분 더
구워주세요.

진저 스노우맨 쿠키

Ginger Snowman Cookie

바삭한 진저 초콜릿 쿠키(230쪽)와는 다른 식감의 진저 쿠키입니다.
마시멜로우로 손쉽게 눈사람 모양을 만들었어요.
아이들이나 친구들과 함께 하면
더 즐거운 크리스마스 베이킹이 될 거예요.

Ingredients

○ 무염버터 100g

○ 머스코바도 70g
○ 백설탕 40g
○ 소금 1g

○ 달걀 50g
○ 바닐라 익스트랙 3g

○ 중력분 200g
○ 시나몬가루 2g
○ 생강가루 2g
○ 베이킹파우더 3g

○ 캐슈넛 50g

○ 마시멜로우 6개

데코
○ 초코펜 검정·빨강·노랑·주황색

Prep

● 버터를 제외한 모든 재료는 실온 상태로 준비합니다.

● 버터는 냄비에 넣어 약불로 녹이거나 전자레인지로 녹여
  40~50도 전후의 온도로 준비합니다.

● 달걀, 바닐라 익스트랙은 함께 계량해 손 거품기로
  풀어줍니다.

● 캐슈넛은 타지 않도록 짧게 로스팅한 후 완전히 식혀줍니다.

1
믹싱볼에 녹인 버터(약 40~50도),
머스코바도, 설탕, 소금을 넣고 손
거품기로 섞는다.

2
달걀, 바닐라 익스트랙을 넣고 손
거품기로 섞는다.

3
중력분, 시나몬가루, 생강가루,
베이킹파우더를 체에 쳐서 넣는다.

4
주걱으로 가루가 거의 보이지 않을
때(80~90% 섞일 때)까지 11자를
그어가며 섞는다.

5
캐슈넛을 넣고 가루가 보이지 않을
때까지 주걱으로 완전히 섞는다.

6

밀착랩핑한 후 최소 1시간 ~ 최대
24시간까지 냉장 휴지한다.

7

쿠키 반죽을 6개로 분할해 일정한
크기로 성형한다.

8

180도로 충분히 예열한 오븐에 넣어
170도에서 12~14분 동안 굽는다.

⊛ 각자의 오븐 화력에 따라 온도와 시간을 조절하세요.

9

쿠키가 식기 전에 반으로 자른
마시멜로우를 단면이 아래로 가도록
올린 후 초코펜을 사용해서 눈사람
모양을 그린다.

더블 초코
미니 파운드케이크
Sony Picks!
Double Chocolate
Mini Pound Cake

고급진 풍미의 초콜릿 파운드케이크입니다.
스프링클을 올려서 크리스마스 느낌을 냈어요.
남녀노소 호불호 없는 맛으로 크리스마스 베이킹 원픽으로 추천합니다.

Ingredients

- 무염버터 140g

- 백설탕 90g
- 소금 1g

- 달걀 130g
- 바닐라 익스트랙 3g

- 박력분 145g
- 아몬드가루 22g
- 베이킹파우더 3g

- 다크 커버춰 초콜릿 100g

토핑용
- 다크 커버춰 초콜릿 120g
- 스프링클 약간

Prep

- 노르딕웨어 번트 브라우니 12구 틀을 사용합니다.

- 모든 재료는 실온 상태로 준비합니다.

- 달걀, 바닐라 익스트랙은 함께 계량해 손 거품기로
  풀어줍니다.

- 다크 커버춰 초콜릿은 깔리바우트 54.5%(811) 제품을
  사용했습니다.

- 반죽용 커버춰 초콜릿(100g)은 중탕으로 녹여서
  준비합니다.

- 토핑용 커버춰 초콜릿(120g)은 템퍼링(231쪽 참고) 후
  사용합니다.

- 커버춰 초콜릿 템퍼링이 어렵다면, 다크 커버춰 초콜릿
  60g과 다크 코팅 초콜릿 60g을 섞어서 중탕하여
  사용하세요!

1

믹싱볼에 실온 상태의 버터를 넣고
핸드 믹서로 가볍게 푼다.

2

설탕, 소금을 넣고 핸드 믹서로 완전히
섞는다.

3

달걀, 바닐라 익스트랙을 2~3번에
나누어 넣으며 핸드 믹서로 섞는다.

4

박력분, 아몬드가루, 베이킹파우더를
체에 쳐서 넣고 주걱으로 가루가 보이지
않을 때까지 11자를 그리며 섞는다.

5

중탕으로 녹인 다크 커버춰 초콜릿(30도
이하)을 넣고 주걱으로 완전히 섞는다.

녹인 버터나 철판이형제를 바른 틀에
반죽을 담는다.

7

180도로 충분히 예열한 오븐에 넣어
175도에서 18~20분 동안 굽는다.

⊛ 각자의 오븐 화력에 따라 온도와 시간을 조절해
　주세요!

8

부풀어오른 반죽 윗면을 평평하게
깎아낸 후 식힘망 위에 올려 식힌다.

9

완전히 식은 파운드케이크 위에
템퍼링한 초콜릿을 붓는다.

10

초콜릿이 굳기 전에 스프링클을 올려
데코한다.

진저 초콜릿 쿠키

Ginger Chocolate Cookie

크리스마스 분위기 물씬 나는 초콜릿 몰드로 간단하면서
고급스러운 쿠키를 만들어보세요!
약간 스파이시한 진저 쿠키에 달콤 쌉싸름한
초콜릿의 조합이 색다른 쿠키랍니다.
아이들과 함께 먹는다면 생강가루는 생략해도 좋아요.

Ingredients

진저 쿠키
- 무염버터 100g
- 백설탕 90g
- 소금 1g

- 달걀 42g
- 바닐라 익스트랙 2g

- 박력분 180g
- 아몬드가루 120g
- 생강가루 2g
- 시나몬가루 2g

샌딩용 초콜릿
- 다크 커버춰 초콜릿 200g

Prep

- 실리코마트 크리스마스 쿠키틀 세트(CKC02 COOKIE XMAS)를 사용합니다. 같은 제품이 아니더라도 지름 약 7cm의 쿠키 커터로 대체 가능합니다.
- 모든 재료는 실온 상태로 준비합니다.
- 버터는 실온에 30분 이상 두어 23도 전후의 온도로 준비합니다.
- 달걀, 바닐라 익스트랙은 함께 계량해 손 거품기로 풀어줍니다.

- 초콜릿은 깔리바우트 54.5% 다크 커버춰 초콜릿 사용했습니다(템퍼링 온도 : 45~50도/27도/31~32도).
- 초콜릿 브랜드와 종류에 따라 템퍼링 온도는 다르기 때문에 반드시 초콜릿 포장지에 적혀있는 템퍼링 온도에 맞게 작업합니다.
- 중탕물을 담는 용기는 유리 재질, 초콜릿을 담는 용기는 스테인리스 재질을 추천합니다.
- 중탕물은 끓는 물이 아닌 50~60도 사이의 따뜻한 물 사용합니다.
- 템퍼링 온도는 중탕물 위에서 내린 후에 탐침 온도계로 확인합니다.
- 템퍼링 온도를 재기 전에 온도계에 묻어있는 초콜릿을 닦아 정확한 온도를 확인합니다.
- 커버춰 초콜릿 템퍼링이 어렵다면, 다크 커버춰 초콜릿 100g과 다크 코팅 초콜릿 100g을 섞어서 중탕하여 사용하세요!

Merry Christmas Baking Box

1

커버춰 초콜릿을 스테인리스 볼에
담는다. 따뜻한 중탕물 위에 스테인리스
볼을 올려서 45~50도 사이의 온도가 될
때까지 주걱으로 섞어서 녹인다.

✷ 절대 초콜릿 온도가 50도가 넘어가지 않도록
　주의합니다!

2

차가운 중탕물 위에 스테인리스 볼을
올려서 27도가 될 때까지 주걱으로 살살
섞는다.

✷ 스테인리스 볼 바닥을 세게 긁지 않도록 주의해
　주세요. 차가운 바닥 쪽의 초콜릿을 긁으면
　덩어리집니다!

3

다시 따뜻한 중탕물 위에 올려서 온도를
31~32도 사이의 온도가 될 때까지
주걱으로 섞는다.

✷ 따뜻한 중탕물 위에 오래 올려두면 최종 온도를 금방
　넘어버리기 때문에 약 3~5초씩 담갔다가 중탕물
　위에서 내려서 온도를 재세요.

✷ 최종 온도가 32도를 넘으면 1번 과정부터 템퍼링을
　다시 해야 하니 꼭 32도를 넘지 않도록 주의하세요!

✷ 우정 초콜릿 아트 워머(WJCA-3)를 이용하면 초콜릿
　온도를 유지하는 데 좋습니다.

4

템퍼링한 다크 커버춰 초콜릿을 원형
초콜릿 몰드(약 6cm)에 넣는다.
트레이를 바닥에 탕탕 쳐서 빈 공간을
채우고 초콜릿 표면을 납작하게 한다.

✷ 개당 초콜릿 양이 적으면 두께가 너무 얇아져서
　꺼낼 때 부서지므로 넉넉하게 담는 걸 추천해요!

5

완전히 굳으면 틀에서 꺼낸다.

⊛ 초콜릿이 부서지지 않도록 테두리부터 떼어내면
　편해요!

진저 쿠키

1

믹싱볼에 실온의 버터를 넣고
핸드 믹서로 가볍게 푼다. 설탕, 소금을
넣고 핸드 믹서로 섞는다.

2

달걀, 바닐라 익스트랙을 2~3번에
나누어 넣으며 핸드 믹서로 섞는다.

⊛ 달걀을 한 번에 넣으면 반죽이 분리되기 쉬워요!

3

박력분, 아몬드가루, 생강가루,
시나몬가루를 체에 쳐서 넣는다.

4

주걱으로 가루가 거의 보이지 않을
때(80~90% 섞일 때)까지 11자를
그어가며 섞는다.

종이포일을 깔고 반죽을 올린 후 다시
종이포일로 덮어 약 3mm 두께로 밀어
편다. 밀착랩핑한 후 최소 1시간~최대
24시간까지 냉장 휴지한다.

모양 쿠키 커터(약 7cm)로 반죽을
찍어낸다(12개).

170도로 충분히 예열한 오븐에 넣어
160도에서 12~14분간 굽는다.

⊛ 쿠키 크기와 각자의 오븐 화력에 따라 온도와 시간을
　조절하세요!

진저 쿠키를 식힘망 위에 올려 완전히
식힌다.

⊛ 쿠키를 완전히 식지 않고 초콜릿을 올리면 그대로 녹을
　수 있어요!

완성하기

1

완전히 식은 쿠키 위에 중탕하거나
템퍼링하고 남은, 살짝 녹은 초콜릿을
소량 묻힌 후 샌딩용 초콜릿을 올린다.

⊛ 살짝 녹은 초콜릿이 접착제 역할을 해요.

솔티 캐러멜

Salted Caramel

진저브레드 맨 Gingerbread Man 모양의 캐러멜입니다.
달콤한 캐러멜에 소금을 넣어 단맛과 짠맛이 번갈아 느껴지는
중독적인 맛이에요. 생크림을 넣고 만들어서 더욱 부드러운 맛이 연말과
잘 어울립니다. 진저 틀이 없다면, 하트나 크리스마스 트리 모양 등 다양한
모양으로 나만의 캐러멜을 만들어보세요!

Ingredients

- 생크림 80g

- 물 10g
- 백설탕 100g
- 물엿 20g

- 소금 1g

Prep

- 실리코마트 진저 틀(SCG12 MR GINGER)을 사용합니다.
- 같은 제품이 아니더라도 비슷한 크기의 작은 실리콘 몰드로 만들어도 됩니다.
- 스테인리스 또는 동냄비를 사용합니다.

1

냄비에 생크림을 넣고 가장자리가
보글보글 끓어오를 때까지 살짝 끓인다.

⊛ 너무 오래 끓이면 수분이 날아가니 주의하세요.

2

다른 스테인리스 냄비에 물, 설탕,
물엿을 순서대로 넣고 갈색빛이 될
때까지 끓인다. 이때 주걱으로 젓지
않는다. 냄비 손잡이를 잡고 냄비를
돌려가며 설탕을 녹인다.

3

불을 끄고 60도 이상의 따뜻한 생크림을
조금씩 천천히 2번에 나누어 넣으며
섞는다.

⊛ 차가운 생크림을 한꺼번에 넣으면 설탕 시럽이 튀어
　올라 화상을 입을 수 있으니 주의하세요!

4

소금을 넣고 잘 섞은 후 다시 불을 켜고
126도까지 끓인다.

5

준비한 틀에 캐러멜을 붓고 냉장실에
넣어 2시간 이상 굳힌 후 틀에서 꺼낸다.

인절미 크럼블
쑥 팥 머핀
245P

약과 피낭시에
240P

피칸 슈가볼 쿠키
250P

갈레트 브루통
258P

보늬밤 양갱 254P

Chapter 2

Happy Holiday
명절 베이킹 박스

설날부터 추석까지 명절 베이킹 고민은 이제 끝!
어른들이 좋아하실 만한 구성으로 사랑받는 베이킹 박스입니다.
할미 입맛 저격하는 디저트인데다 단맛도 적당해
실패 없는 선물이 될 거예요. :)

약과 피낭시에

Yakgwa Financier

까눌레 틀에 구워 귀여우면서도 고급스러운 약과 모양의 피낭시에입니다.
갓 구웠을 때는 바삭하게 즐기고, 남은 피낭시에는 끓인 즙청 시럽을
부어서 다음 날 즐겨보세요. 하루 숙성시켜 촉촉해지면 맛이 더 좋아요!
생강가루가 없다면 손질한 통생강을 같이 넣고 끓인 후 건져내거나
시나몬가루로 대체할 수 있어요.

Ingredients

- 달걀흰자 105g
- 백설탕 24g
- 흑설탕 50g
- 꿀 12g
- 소금 1g
- 바닐라 익스트랙 3g

- 박력분 30g
- 아몬드가루 72g
- 시나몬가루 2g

- 무염버터 88g

즙청 시럽
- 조청 225g
- 물엿 30g
- 생강가루 2g
- 물 70g

토핑
- 참깨 또는 검은깨 약간

Prep

- 쉐프메이드 까눌레 틀을 사용했습니다.
  전체 크기: 325×258×50mm, 1구 지름: 55mm
- 버터를 제외한 모든 재료는 실온 상태로 준비합니다.
- 버터는 뵈르 누아제트(152쪽) 상태로 반죽에 넣기 직전
  60도 전후의 온도로 준비합니다.
- 달걀은 노른자를 제외하고 흰자만 분리하여 준비합니다.
- 토핑용으로 참깨나 모양 초콜릿을 준비합니다.

1
냄비에 조청, 물엿, 생강가루, 물을 넣고
섞는다.

2
약불에서 바글바글 끓어오를 때까지
끓인다. 이때 눌어붙지 않도록 바닥을
계속 저어준다.

1
믹싱볼에 달걀흰자, 설탕, 흑설탕, 꿀,
소금, 바닐라 익스트랙을 넣고
손 거품기로 고루 섞는다.

2
박력분, 아몬드가루, 시나몬가루를 체에
쳐서 넣고 가루가 보이지 않을 때까지
섞는다.

3
태운 버터(뵈르 누아제트, 약 60도)를
체에 한번 걸러 반죽에 넣고 완전히
섞이도록 손 거품기로 섞는다.

4

반죽을 짤주머니로 옮겨서 냉장고에서
최소 1시간 ~ 최대 24시간까지 냉장
휴지한다.

5

소량의 녹인 버터나 철판이형제를
까눌레 틀에 붓으로 바른다.

6

까눌레 틀에 반죽을 50% 팬닝한다.

※ 까눌레처럼 긴 모양이 아닌 짧은 모양으로 구워야
　해서 팬닝 양이 적어요! 쉐프메이드 까눌레틀 기준,
　팬닝 양 50% 기준으로 12개 분량입니다.

7

200도로 충분히 예열된 오븐에 넣어
190도에서 약 12~14분간 구운 후
식힘망에 올려 식힌다.

※ 구움색을 보고 시간을 조절하세요.

8

배꼽 부분을 평평하게 칼로 깎아준다.

한김 식은 즙청 시럽을 붓는다.

⊛ 즙청시럽이 너무 식어서 많이 되직해졌다면, 붓기
전에 살짝 데워요. 그래야 코팅이 너무 두꺼워지지
않아요.

피낭시에를 뒤집어서 윗면에 고인
즙청을 덜어낸다.

참깨나 검은깨를 올려서 데코한다.

Sony Picks!

인절미 크럼블 쑥 팥 머핀

Injeolmi Crumble Mugwort & Red Bean Muffin

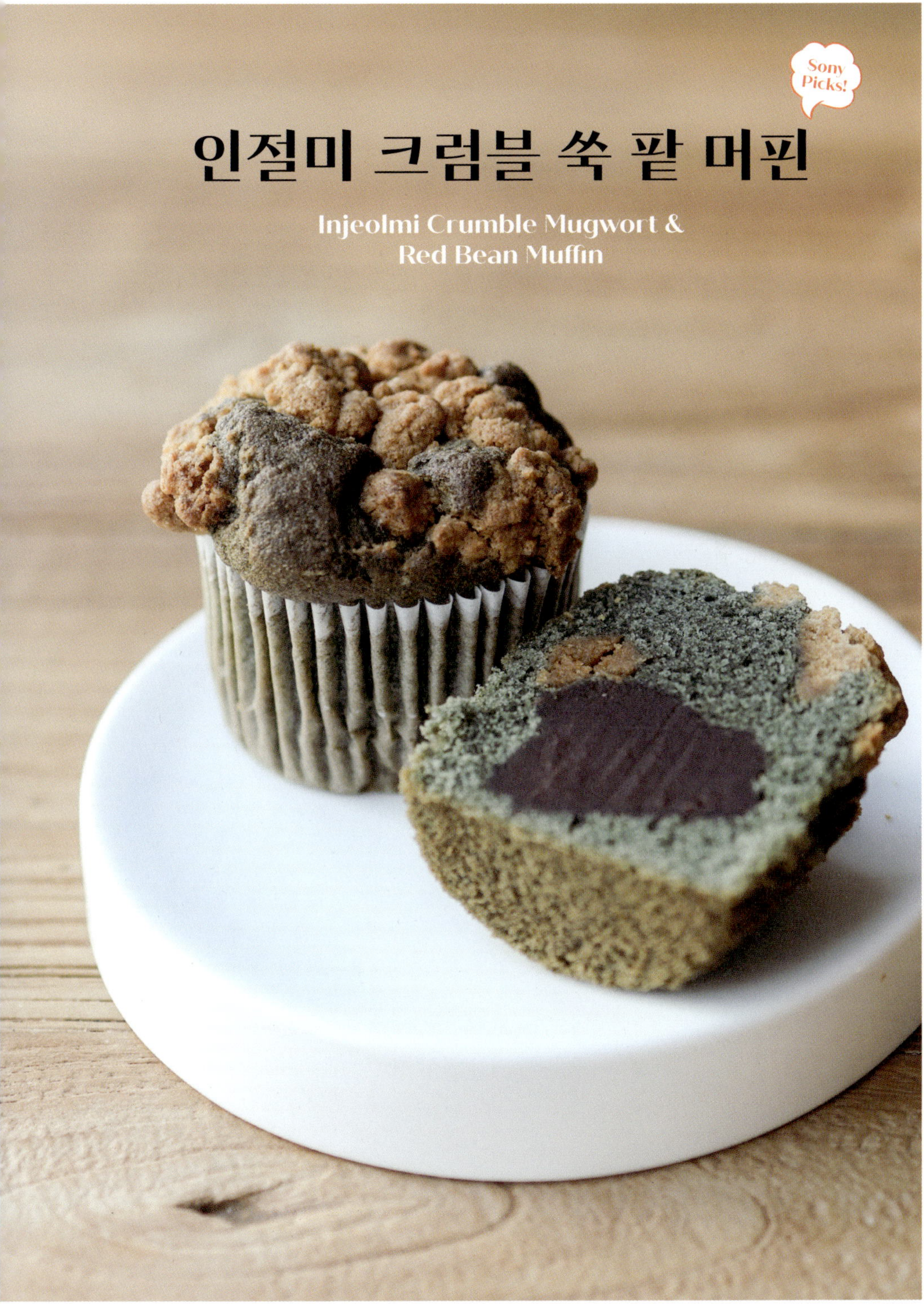

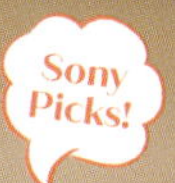

바삭하게 씹히는 고소한 인절미 크럼블과 팥앙금을 감싸는 쑥 반죽이
완벽한 조화를 이루는 '할매 입맛' 저격 머핀입니다.
녹인 버터를 넣어 공정이 비교적 쉽고 많이 만들어내기도 좋아서
베이킹 박스 구성할 때 꼭 넣는 디저트랍니다!
쑥 향이 익숙하지 않다면 쑥가루를 9g으로 줄여보세요.

Ingredients

- 달걀 100g
- 백설탕 80g
- 꿀 12g
- 소금 1g
- 바닐라 익스트랙 2g

- 쑥가루 12g

- 박력분 120g
- 베이킹파우더 4g

- 무염버터 105g
- 동물성 생크림 37g

인절미 크럼블
- 무염버터 40g
- 백설탕 30g
- 박력분 40g
- 콩가루 20g

필링용
- 적앙금 240g

Prep

- 크럼블은 미리 만들어 사용 직전까지 냉동 보관합니다.

- 버터와 생크림을 제외한 모든 재료는 실온 상태로 준비합니다.

- 버터와 생크림은 냄비에 넣어 약불로 혹은 전자레인지로 녹여서 40~50도 전후의 온도로 준비합니다.

- 달걀은 미리 풀어둡니다.

- 쑥가루는 섬유질로 인해 체에 쳐서 넣을 수 없으니 밀가루와 따로 계량하세요.

※ 만약 이미 같이 계량했다면 걸러지지 않는 흰색 가루 뭉치(쑥 섬유질)도 그대로 반죽에 넣어도 돼요.

- 필링용 앙금은 취향에 따라 부드러운 적앙금이 아닌 씹히는 식감이 있는 통팥앙금을 사용하셔도 됩니다.

- 적앙금은 미리 6개로 분할해 준비합니다. 아이스크림 스쿱이나 손으로 6개로 분할(개당 40g)한 후 동그란 모양으로 만들어 사용 전까지 실온 보관하세요.

- 머핀 틀에 유산지 머핀 컵(55mm)을 미리 넣어서 준비합니다.

1

믹싱볼에 실온 상태의 버터를 넣고 주걱으로 가볍게 푼다.

2

설탕을 넣고 가볍게 섞는다.

❋ 이때 너무 많이 섞어 설탕이 거의 다 녹으면 구울 때 크럼블이 많이 퍼집니다.

3

박력분, 콩가루를 체에 쳐서 넣고 가루가 고루 섞이고 덩어리지기 시작할 때까지 주걱으로 섞는다.

❋ 사용 전까지 냉동 보관한다.

1

믹싱볼에 달걀, 설탕, 꿀, 소금, 바닐라 익스트랙을 넣고 손 거품기로 섞는다.

2

쑥가루를 넣고 손 거품기로 섞는다.

3

박력분, 베이킹파우더를 체에 쳐서 넣고
손 거품기로 섞는다.

4

녹인 버터와 생크림을 넣고 손 거품기로
완전히 섞는다.

5

짤주머니에 반죽을 담는다.

6

머핀 틀에 반죽을 50% 팬닝한다.

7

가운데에 미리 분할해 둔 앙금을 올린다.

남은 머핀 반죽으로 앙금을 덮는다.

맨 위에 인절미 크럼블을 1/6분량씩
나눠 올린다.

180도로 충분히 예열한 오븐에 넣어
170도에서 22~24분간 굽는다.

⊛ 각자의 오븐 화력에 따라 온도와 시간을 조절하세요.

피칸 슈가볼 쿠키

Pecan Sugar Ball Cookie

첫입에 느껴지는 눈꽃같이 달콤한 슈가파우더와
두 입에 느껴지는 구운 피칸의 오독오독한 식감이 매력적인
슈가볼 쿠키입니다. 남녀노소 누구나 호불호 없이 좋아하는 레시피이니
꼭 명절이 아니더라도 쉽고 맛있게 만들어 즐겨보세요!

Ingredients

- 무염버터 120g

- 슈가파우더 60g
- 소금 1g

- 박력분 140g
- 아몬드가루 60g
- 베이킹파우더 0g

- 피칸 50g

토핑용
- 슈가파우더 100g

Prep

- 모든 재료는 실온 상태로 준비합니다.

- 재료가 간단하니 버터는 꼭 발효 버터(페이장 브레통Paysan Breton, 이즈니Isigny Sainte-Mère, 엘르앤비르Elle & Vire 등 고메버터)를 사용하길 추천합니다.

- 견과류는 취향에 따라 피칸 대신 호두나 다진 아몬드로 대체 가능합니다.

- 견과류는 약불에서 한번 볶거나 에어프라이어로 구워서 준비합니다.

⊛ 구운 견과류는 반드시 완전히 식은 후에 쿠키 반죽에 넣어야 합니다!

- 아몬드가루는 반드시 100% 아몬드가루로 준비합니다.

1

프라이팬에 피칸을 넣고 고소한 향이
올라올 때까지 약불로 볶는다.

⊛ 금방 타버리기 쉬워서 반드시 약불에서 볶아요.
  에어프라이어로 160도에서 5분간 구워도 좋습니다.

2

완전히 식은 피칸을 잘게 다진다.

⊛ 피칸 입자가 너무 크면 쿠키가 구워지면서
  갈라져버리니 주의합니다.

1

믹싱볼에 실온 상태의 버터를 넣고
주걱으로 부드럽게 풀어준 후
슈가파우더, 소금을 넣고 섞는다.

2

박력분, 아몬드가루, 베이킹파우더를
체에 쳐서 넣고 가루가 거의 보이지
않을 때까지 11자를 그어가며 주걱으로
섞는다.

3

다진 피칸을 넣고 가루가 완전히 보이지
않을 때까지 주걱으로 섞는다.

4

반죽을 개당 9~10g씩 약 40~45개로
분할해 동그란 모양으로 성형한다.

✲ 작업 환경 온도가 높아서 반죽이 질다면 밀착랩핑한
후, 30분~1시간간 냉장 휴지한 후 분할하세요.

5

175도로 충분히 예열한 오븐에 넣어
165도에서 22~25분 동안 굽는다.

✲ 각자의 오븐 화력에 따라 온도와 시간을 조절해
주세요!

6

식힘망에 올려 완전히 식힌 후
슈가파우더를 골고루 묻힌다.

✲ 온기가 남아있을 때, 슈가파우더를 묻히면 표면이
떡질 수 있으니 꼭 완전히 식힌 후 진행하세요.

보늬밤 양갱

Candied Chestnut Yanggaeng

중간중간 씹히는 보늬밤 식감에 부드럽고 다디단 밤양갱 조합이
정말 맛있어요! 양갱 싫어하던 사람도 하나 더 달라고 하는 맛입니다.
커피나 우유보다는 녹차나 백차 같은 차와 함께 즐겨보세요.
양갱은 원하는 모양과 크기로 만들어도 좋습니다.

Ingredients

- 물 300g
- 한천가루 10g

- 백설탕 250g

- 팥앙금 450g

- 물엿 30g

- 옥수수 전분 20g
- 찬물 60g

- 보늬밤 6~7알(약 180g)

Prep

- 양갱 몰드(8구)를 사용합니다.
  전체 크기 : 4~5×4~5×3cm
- 물과 한천가루는 미리 섞어서 불려둡니다.
- 옥수수 전분과 찬물은 함께 계량해 전분물을 만들어 미리 섞어둡니다.
- 한천가루와 옥수수 전분은 다른 재료로 대체할 수 없습니다.
- 보늬밤은 통조림 밤이나 맛밤으로 대체 가능합니다.
※ 씹는 식감을 위해 밤은 꼭 넣어주세요.
- 보늬밤은 다져서 준비합니다.

1

냄비에 물과 한천가루를 넣고 완전히
섞은 후 10~15분간 불린다.

2

①의 냄비를 약불에 올려 바글바글
끓어오르면 설탕을 넣고 주걱으로
저어가며 섞는다. 최소 10분 이상,
주걱을 들어 올렸을 때 바로 주르륵
떨어지지 않고 매달려 있을 때까지
끓인다.

3

처음과 달리 색이 살짝 진해지고 끈적한
점성이 생기면 불을 끈다.

✳ 쫀득하게 만들기 위해 졸이는 과정입니다. 냄비
  바닥에 눌어붙지 않도록 계속 저어가면서 약불을
  유지해 주세요.

4

팥앙금을 넣고 주걱으로 잘 섞은 후
물엿을 넣어 섞는다.

5

미리 섞어둔 전분물을 넣고 섞는다.

6

다시 불에 올려 약 1분간 약불로 반죽을
데운다.

7

준비한 양갱 몰드에 물 스프레이를
충분히 한다.

8

양갱 몰드에 반죽을 담은 후 미리 다져둔
보늬밤을 올리고 한번 눌러준다.

※ 양갱 몰드가 없다면 파운드 틀이나 사각 틀에 넣고
   굳힌 후, 칼로 썰어도 좋아요!

※ 반죽이 뜨거운 편이니 천 짤주머니를 사용하세요.
   없다면, 장갑을 끼고 작업하세요.

9

냉장실에 넣어 1시간 이상 굳힌 후,
양갱 몰드에서 분리한다.

갈레트
브루통

Galette Bretonne

프랑스의 대표적인 구움 과자 중 하나이자 진한 풍미의 버터쿠키 끝판왕!

한 개 먹기 시작하면, 두 개, 세 개로 이어질 수밖에 없는 맛!

진하고 고소한 버터 풍미에 골드 럼을 더한 고급진 맛의 쿠키라서

선물용으로도 좋고 많이 만들어서 냉동실에 쟁여두면 티타임 쿠키로

그만인 레시피입니다. '어디서 사 왔냐'는 말 듣게 될

갈레트 브루통이라서 선물하면 어깨가 으쓱할 거예요.

Ingredients

- 무염버터 150g

- 슈가파우더 100g
- 소금 1g

- 달걀노른자 30g
- 바닐라빈 페이스트 3g
- 골드 럼 12g

- 박력분 170g
- 아몬드가루 35g
- 베이킹파우더 2g

달걀물

- 달걀노른자 15g
- 바닐라 익스트랙 4g

Prep

- 6cm 원형 커터와 금박 틀을 사용했습니다.
※ 금박 틀이 없다면 도루떼 틀이나 머핀 틀로 대체 가능합니다.
- 모든 재료는 실온 상태로 준비합니다.

- 꼭 발효 버터(페이장 브레통, 이즈니, 엘르앤비르 등 고메버터)를 사용하길 추천합니다.

- 달걀노른자, 바닐라빈 페이스트, 골드 럼은 함께 계량해 미리 섞어둡니다.

- 골드 럼은 바카디Bacardi 제품을 사용했습니다. 다크 럼으로 대체 가능합니다.

- 바닐라빈 페이스트는 생바닐라빈 반 개로 대체 가능합니다.

- 아몬드가루는 반드시 100% 아몬드가루로 준비합니다.

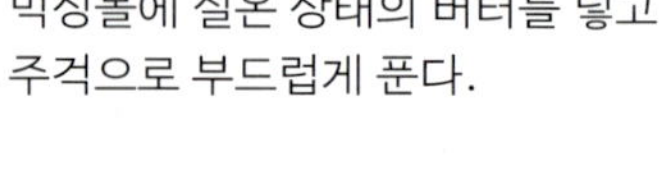

1

믹싱볼에 실온 상태의 버터를 넣고
주걱으로 부드럽게 푼다.

2

슈가파우더, 소금을 체에 쳐서 넣고
주걱으로 섞는다.

3

노른자, 바닐라빈 페이스트, 골드 럼을
2~3번에 나누어 넣으며 주걱으로
섞는다.

4

박력분, 아몬드가루, 베이킹파우더를
체에 쳐서 넣고 주걱으로 가루가 보이지
않을 때까지 11자를 그어가며 섞는다.

5

종이포일을 깔고 그 위에 반죽을 올린다.

6

다시 종이포일로 덮어 1cm 두께로 밀어
편 후 밀착랩핑해 최소 2시간~최대
24시간까지 냉장 휴지한다.

⊛ 작업 시간이 부족하거나 작업 환경 온도가 높을 경우
1시간 '냉동' 휴지해도 돼요.

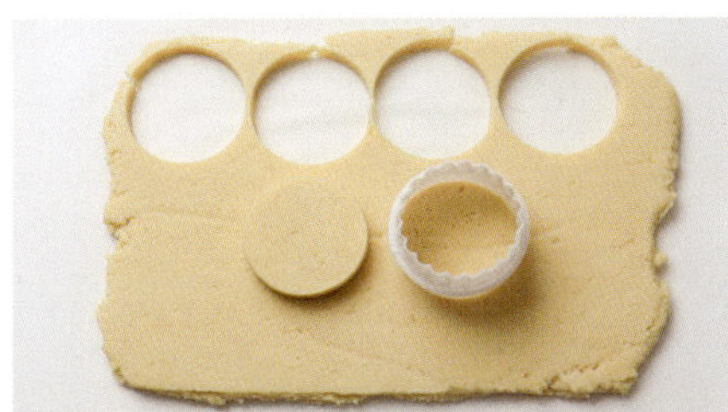

7

6cm 원형 커터로 쿠키 반죽을 찍어낸다.
남은 반죽을 다시 하나로 합쳐서 ⑤번
과정부터 반복하며 14~16개 만든다.

8

6cm 원형 금박 틀에 반죽을 넣고 윗면에
구움색용 달걀물을 붓으로 바른다.

9

포크로 쿠키 윗면에 모양을 낸다.

⊛ 작업 중에 쿠키 반죽이 녹았다면 오븐에 넣기 전
냉장실에 넣어 굳힌 후 (냉 먹이기) 구워요!

10

175도로 충분히 예열한 오븐에 넣어
165도에서 22~25분 동안 굽는다.

⊛ 각자의 오븐 화력에 따라 온도와 시간을 조절하세요!

HAPPY
LOVE
SWEETS
카네이션 앙금 쿠키
276P
오란다 강정
268P
화이트 쑥 찹쌀파이
264P
호두정과
피칸정과
피칸/호두 정과
272P
깨찰빵 281P

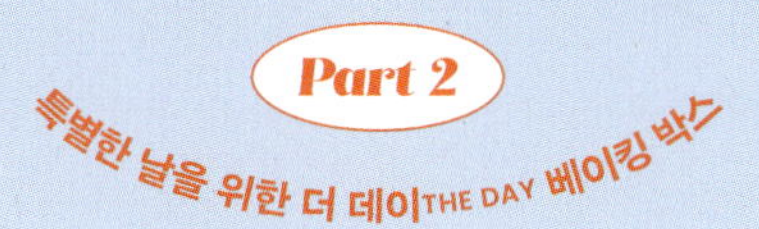

Chapter 3

Thanks To
감사 베이킹 박스

어버이날, 스승의날 등 감사를 전할 일이 많은 가정의 달 5월에
특히 추천하는 베이킹 박스입니다.
카네이션을 닮은 앙금 쿠키부터 바삭 달달한 정과,
오란다 강정, 쫄깃한 깨찰빵과 찹쌀파이로
사랑의 마음을 선물하세요. :)

Sony Picks!

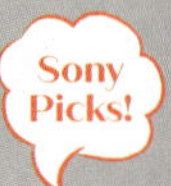

화이트 쑥 찹쌀파이

White Mugwort Mochi Pie

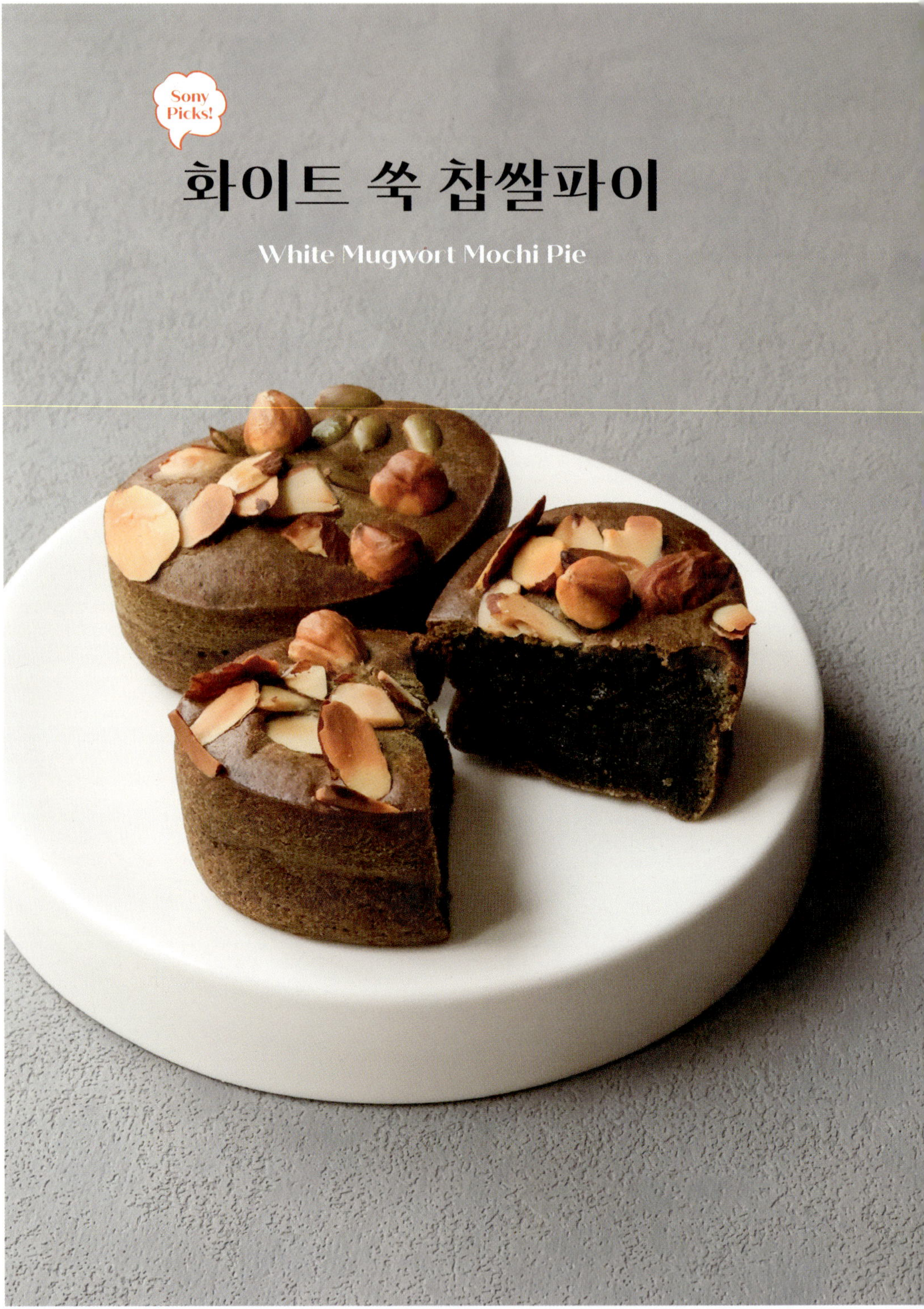

향긋한 쑥과 화이트 초콜릿은 의외로 잘 어울리는 조합이랍니다.
게다가 이 레시피는 쫄깃한 찹쌀파이에 오독오독 씹히는 견과류가 더해져
식감도 참 좋습니다. 만들기도 간단한데 맛도 있어서
가정의 달은 물론이고 명절 선물로도 추천해요!

Ingredients

- 달걀 50g
- 소금 1g
- 바닐라 익스트랙 3g
- 우유 230g
- 백설탕 60g

- 무염버터 50g
- 화이트 커버춰 초콜릿 40g

- 찹쌀가루 210g
- 베이킹파우더 5g

- 쑥가루 15g

토핑용
- 아몬드 슬라이스 약간
- 통헤이즐넛 약간
- 호박씨 약간

Prep

- 실리코마트 오발 틀을 사용합니다.
- 버터를 미리 녹인 후, 잔열로 화이트 커버춰 초콜릿을 녹여 준비합니다.
- 쑥가루는 따로 계량합니다.
❋ 섬유질이 있어 체에 칠 수 없습니다.
- 깔리바우트 화이트 커버춰 초콜릿을 사용했습니다.
- 햇쌀마루 찹쌀가루 사용했습니다.
- 국내산 쑥가루 사용을 추천합니다.

1

믹싱볼에 달걀, 소금, 바닐라 익스트랙,
우유, 설탕을 넣고 손 거품기로 섞는다.

2

녹인 버터, 화이트 커버춰 초콜릿을
반죽에 넣고 손 거품기로 섞는다.

✱ 이때 버터와 초콜릿의 온도는 40도 전후로
　맞춰주세요!

3

찹쌀가루, 베이킹파우더를 체에 쳐서
넣고 손 거품기로 섞는다.

✱ 체에 걸러지지 않는 찹쌀가루는 넣지 마세요!

4

쑥가루를 넣고 가루가 보이지 않을
때까지 손 거품기로 완전히 섞는다.

✱ 만약 쑥가루를 체에 쳐버렸다면 걸러지지
　않은 쑥가루도 그대로 넣어주세요! 섬유질이라서
　괜찮습니다.

5

마지막으로 옆면과 바닥을 주걱으로
긁어서 섞이지 않은 반죽이 없는지
확인한다.

6

짤주머니에 담는다.

7

오발 틀에 녹인 버터나 철판이형제를
붓으로 바른 후 반죽을 8개로 분할하여
팬닝한다.

8

반죽 위에 토핑으로 아몬드 슬라이스,
통헤이즐넛, 호박씨를 올린다.

9

190도로 충분히 예열한 오븐에 넣어
180도에서 25~30분 굽는다.

오란다 강정

Oranda Gangjeong

바삭하고 달달한 오란다 강정! 고소한 땅콩과 쫀득한 건크랜베리로
식감과 맛까지 업그레이드 했어요. 더 고소한 맛을 원한다면
검은깨를 10g 정도 추가해 보세요! 특히 이 메뉴는
쑥 화이트 찹쌀파이와 같은 틀을 사용하니, 베이킹 박스 만들 때
두 가지를 세트처럼 활용하면 좋습니다. 많이 만들기도 좋아서
어버이날, 스승의날 답례품으로 딱이에요!

Ingredients

- 조청 170g
- 물엿 34g
- 백설탕 30g
- 무염버터 20g
- 물 20g

- 오란다 퍼핑콩 200g
- 건크랜베리 35g
- 땅콩분태 40g
- 호박씨 40g

Prep

- 실리코마트 오발 틀을 사용합니다.
- 오발 틀이 없다면 완성된 오란다를 넓은 트레이에 납작하게 펼쳐서 굳힌 후, 칼로 썰어도 됩니다.
- 코팅이 잘 되어있는 깊은 프라이팬(웍)을 사용합니다.
- 오란다 퍼핑콩 대신 오란다 까불이로 대체 가능합니다.
- 건크랜베리는 건포도 등 다른 건과일로 대체 가능합니다.
- 땅콩 대신 아몬드 등 다른 견과류로 대체 가능합니다.

1

깊은 프라이팬에 조청, 물엿, 설탕,
버터, 물을 한꺼번에 넣고 끓인다. 이때
주걱으로 젓지 않는다.

✱ 프라이팬 손잡이를 잡고 돌려가며 설탕을 녹여요.

2

시럽이 전체적으로 끓고 끈적한 점도가
생기면 불을 끈다.

✱ 시럽이 타지 않도록 약불로 5분 이상 바글바글
끓여주세요!

3

오란다 퍼핑콩, 건크랜베리, 땅콩분태,
호박씨를 넣는다.

4

다시 약불에 올려 시럽에 재료가 완전히
버무려지도록 주걱으로 섞는다.

5

재료들 사이에 실타래가 보이면 불을
끈다.

준비한 틀에 오란다를 가득 채워 넣고
식기 전에 실리콘 주걱이나 두꺼운 설탕
공예용 장갑을 낀 손으로 꾹꾹 눌러서
납작하게 누른다.

7

완전히 식은 후 틀에서 꺼낸다.

피칸/호두 정과

Pecan/Walnut Jeonggwa

고소함과 단맛이 적당해 어린이부터 어르신까지 좋아하는
건강 간식입니다! 견과류를 데치고 한번 볶는 정성스러운 과정을 거치며
쓸쓸한 맛이 줄고 담백해집니다. 투명 공병에 넣어 포장하면
어떤 이에게 주어도 사랑받는 선물이 될 거예요.

Ingredients

- 메이플시럽 60g
- 백설탕 50g
- 물 40g
- 소금 1g

- 견과류 1종
  (피칸, 호두 등) 200g

- 무염버터 8g

Prep

- 모든 재료는 실온 상태로 준비합니다.
- 코팅이 잘 되어있는 깊은 프라이팬(웍)을 사용합니다.
- 호두는 반드시 전처리 후 사용합니다.
- 메이플시럽 대신 조청이나 물엿으로 대체 가능합니다.
※ 단, 넣었을 때 풍미가 더 좋은 메이플시럽, 조청, 물엿 순으로 추천해요!

1

끓는 물에 견과류를 넣고 3~4분간
데친다.

2

데친 견과류는 체에 밭쳐 물기를 충분히
제거한다.

3

프라이팬에 견과류를 넣고 약불에서
볶아 수분을 완전히 날린 후 그릇에
덜어둔다.

⊛ 대량으로 만든다면 오븐이나 에어프라이어에 넣어
   150도에서 8~10분간 구워도 돼요.

1

프라이팬을 깨끗이 닦은 후 메이플시럽,
설탕, 물, 소금을 넣고 끓인다. 이때
주걱으로 젓지 않는다.

⊛ 프라이팬 손잡이를 잡고 돌려가며 설탕을 녹여요.

2

견과류를 넣고 바닥에 시럽이 거의
보이지 않을 때까지 졸인다.

3

견과류가 뭉치기 시작하면 불을 끈 후
버터를 넣고 잘 섞는다.

✶ 버터는 실온 상태로 사용하면 잔열에 금방 녹아요!

✶ 견과류가 뭉치지 않도록 녹인 버터로 코팅하는
  과정이에요.

4

다시 약불에 올린 후 시럽을 한번 더 바짝
졸인다.

5

트레이에 넓게 펼쳐서 완전히 식힌다.

카네이션 앙금 쿠키

Carnation Bean Paste Cookies

투박한 상투과자보다 화려한 카네이션 앙금 쿠키입니다.
구운 아몬드를 잘게 다져 넣어 씹는 식감까지 살렸어요.
맛과 비주얼 둘다 잡은 레시피로 카네이션 깍지(050)만 있다면
생각보다 쉽게 만들 수 있습니다.
마음을 담은 베이킹 박스가 필요하다면 꼭 도전해 보세요!

Ingredients

공통 반죽
- 백앙금 500g

- 달걀노른자 20g
- 우유 15g
- 바닐라 익스트랙 3g

- 아몬드가루(100%) 60g

기둥용 반죽(805 원형 깍지)
- 공통 반죽 200g
- 다진 아몬드 50g

꽃잎용 반죽(050번 깍지)
- 공통 반죽 300g
- 식용 색소 빨간색 2~3g

풀잎용 반죽(352번 깍지)
- 공통 반죽 90g
- 식용 색소 초록색 1g

Prep

- 백앙금은 대두식품의 일반 백옥앙금을 사용했습니다.
  춘설앙금 X
- 백앙금은 저감미 백앙금 제품으로 대체 가능합니다.
- 달걀노른자, 우유, 바닐라 익스트랙은 함께 계량해 풀어서
  준비합니다.
- 본인 악력에 따라, 파이핑하기에 반죽이 너무 질다면
  아몬드가루를, 너무 되직하다면 우유를 5g씩 추가하며
  조절하세요.
- 기둥용 반죽의 아몬드는 프라이팬에 넣어 약불에서 볶거나
  에어프라이어에 넣어 160도에서 5분간 굽고 잘게 다져서
  준비합니다.
- 유산지를 5×5cm로 잘라 미리 준비합니다.

1

믹싱볼에 백앙금을 넣고 핸드 믹서
저속으로 가볍게 푼다.

⊕ 일반적인 핸드 믹서 휘퍼보다는 돼지코 모양의 반죽
   날을 추천드려요! 과하게 휘핑할 필요가 없고 반죽
   날에 반죽이 많이 묻지 않아서 좋아요. 핸드 믹서가
   없다면 주걱으로 섞어도 됩니다.

2

달걀노른자, 우유, 바닐라 익스트랙을
넣고 핸드 믹서로 완전히 섞는다.

3

아몬드가루를 체에 쳐서 넣고 가루가
보이지 않을 때까지 핸드 믹서로 섞어
공통 반죽을 완성한다.

⊕ 체에 걸러지지 않는 아몬드가루는 넣지 않습니다.

4

공통 반죽을 기둥용(200g),
꽃잎용(300g), 풀잎용(약 90g)으로
나눈다.

5

기둥용 반죽에는 다진 아몬드,
꽃잎용 반죽에는 식용 색소 빨간색,
풀잎용 반죽에는 식용 색소 초록색을
넣고 주걱으로 섞는다.

6

반죽을 각각 805번 깍지(기둥용),
050번 깍지(꽃잎용), 352번
깍지(풀잎용)를 낀 짤주머니에 담는다.

파이핑 및 굽기

7

화과자용 꽃받침에 약간의 반죽을 묻힌
후 5×5cm 유산지를 올리고 눌러서
고정한다.

8

기둥용 반죽을 유산지 중앙에 동그란
모양으로 파이핑한다.

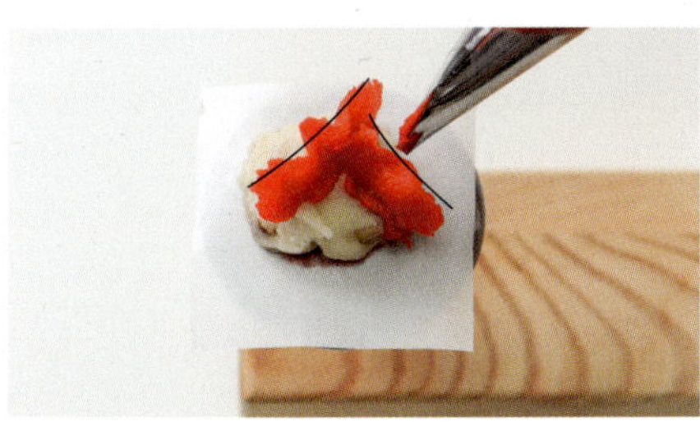

9

기둥용 반죽 위에 꽃잎용 반죽으로 꽃잎
모양을 파이핑한다.
❶ 카네이션 깍지를 세워서 가운데에
ㅅ 모양으로 파이핑한다.

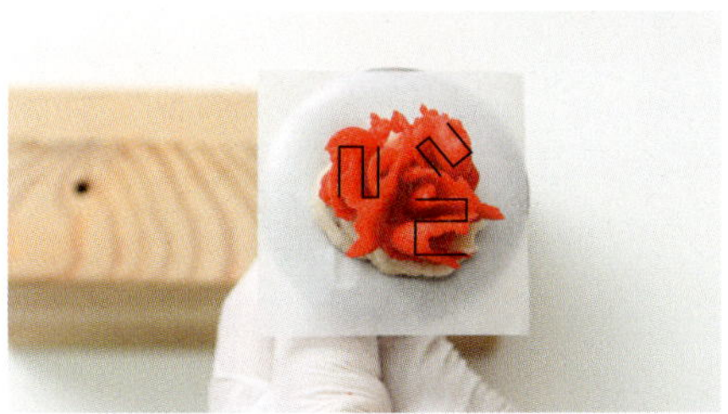

❷ ㅅ 사이에 ㄹ 모양으로 파이핑한다.

❸ 옆면에 꽃잎을 펼쳐서 사선으로 붙여준다. 2겹 만든다.

❹ 완성된 카네이션 꽃잎 아래쪽에 풀잎용 반죽을 앞뒤로 움직이며 주름지게 파이핑한다.

🔟

140도로 충분히 예열한 오븐에 넣어 130도에서 25~30분간 말리듯이 굽는다.

깨찰빵
Sesame Glutinous
Rice Bread
Made in Indonesia

쫄깃쫄깃한 식감이 매력적인 추억의 깨찰빵입니다.
정석적인 깨찰빵 레시피는 쇼트닝을 사용하지만, 가정에서 구하기 쉽지
않아서 버터를 사용했어요. 버터로 만들어도 쫄깃하고 맛있답니다.
비교적 반죽이 질척한 편이므로 손 반죽보다는
반죽기를 사용하는 게 더 편리해요.

Ingredients

- 파인소프트t 200g
- 파인소프트202 25g
- 파인소프트C 25g
- 강력분 45g
- 소금 2g
- 검은깨 7g

- 달걀 90g
- 간장 5g
- 물 80g

- 무염버터 50g

Prep

- 모든 재료는 실온 상태로 준비합니다.
- 달걀, 간장, 물은 함께 계량해 미리 섞어서 준비합니다.
- 버터는 쇼트닝(추천)이나 마가린으로 대체 가능합니다.
- 파인소프트는 타피오카 전분이나 찹쌀가루로 대체할 수 없습니다.

1

믹싱볼에 파인소프트t, 파인소프트202, 파인소프트C, 강력분, 소금, 검은깨를 넣고 주걱으로 고루 섞는다.

2

달걀, 간장, 물을 넣고 액체가 보이지 않을 때까지 섞는다.

3

실온의 말랑한 버터를 넣고 반죽이 매끈해질 때까지 손 반죽하거나 반죽기로 약 5분간 반죽한다.

⊛ 진 반죽이라서 반죽기 사용을 추천해요! 손반죽의 경우 맨손으로 반죽하는게 덜 달라붙을 거예요.

4

반죽을 9개로 분할한 후 동그랗고 납작한 모양으로 성형한다.

⊛ 실내 온도가 높아서 반죽을 다루기 어렵다면 반죽이 마르지 않도록 밀착랩핑해서 냉장실에 20분간 넣어둔 후 꺼내 분할하세요!

5

윗면에 물 스프레이를 충분히 한다.

⊛ 깨찰빵을 더 뽕긋하고 동그랗게 부풀게 하기 위한 과정입니다. 생략하셔도 돼요!

6

칼로 윗면에 + 십자가 모양의 칼집을
낸다.

7

180도로 충분히 예열된 오븐에 넣어
170도에서 25분간 굽는다.

파인소프트는 주로 부드럽고 쫄깃한 식감을 강화해 주는 용도로
사용되는 변성 전분으로, 타피오카 전분을 베이스로 만들어진
제품이에요.

보통 고구마빵, 감자빵, 깨찰빵 등을 만들 때 사용되고, 냉동이나 냉장
시 노화 진행을 막아준다는 장점이 있죠. 또한, 식었을 때도 쫄깃한
식감을 유지하게 해주고 수분감도 비교적 오래 유지됩니다.

파인소프트t, 파인소프트202, 파인소프트C가 쓰였는데요, 여기서
해당 알파벳은 T = 쫀득함, C= 보습력, 202 = 보형성을 위한 재료라는
뜻이며, 그래서 반죽에 넣는 비율이 다릅니다.

제일 확실한 건! 깨찰빵은 무조건 파인소프트로 만들어야 한다는
거예요.